Carl-Auer

Die Reihe »Beratung, Coaching, Supervision«

Die Bücher der petrolfarbenen Reihe *Beratung, Coaching, Supervision* haben etwas gemeinsam: Sie beschreiben das weite Feld des »Counselling«. Sie fokussieren zwar unterschiedliche Kontexte – lebensweltliche wie arbeitsweltliche –, deren Trennung uns aber z. B. bei dem Begriff »Work-Life-Balance« schon irritieren muss. Es gibt gemeinsame Haltungen, Prinzipien und Grundlagen, Theorien und Modelle, ähnliche Interventionen und Methoden – und eben unterschiedliche Kontexte, Aufträge und Ziele. Der Sinn dieser Reihe besteht darin, innovative bis irritierende Schriften zu veröffentlichen: neue oder vertiefende Modelle von – teils internationalen – erfahrenen Autor:innen, aber auch von Erstautor:innen.

In den Kontexten von Beratung, Coaching und auch Supervision hat sich der systemische Ansatz inzwischen durchgesetzt. Drei Viertel der Weiterbildungen haben eine systemische Orientierung. Zum Dogma darf der Ansatz nicht werden. Die Reihe verfolgt deshalb eine systemisch-integrative Profilierung von Beratung, Coaching und Supervision: Humanistische Grundhaltungen (z. B. eine klare Werte-, Gefühls- und Beziehungsorientierung), analytisch-tiefenpsychologisches Verstehen (das z. B. der Bedeutung unserer Kindheit sowie der Bewusstheit von Übertragungen und Gegenübertragungen im Hier und Jetzt Rechnung trägt) wie auch die »dritte Welle« des verhaltenstherapeutischen Konzeptes (mit Stichworten wie Achtsamkeit, Akzeptanz, Metakognition und Schemata) sollen in den systemischen Ansatz integriert werden.

Wenn Counselling in der Gesellschaft etabliert werden soll, bedarf es dreierlei: der Emanzipierung von Therapie(-Schulen), der Beschreibung von konkreten Kompetenzen der Profession und der Erarbeitung von Qualitätsstandards. Psychosoziale Beratung muss in das Gesundheits- und Bildungssystem integriert werden. Vom Unternehmen finanziertes Coaching muss ebenso wie Team- und Fallsupervisionen zum Arbeitnehmerrecht werden (wie Urlaub und Krankengeld). Das ist die Vision – und die politische Seite dieser Reihe.

Wie Counselling die Zufriedenheit vergrößern kann, das steht in diesen Büchern; das heißt, die Bücher werden praxistauglich und praxisrelevant sein. Im Sinne der systemischen Grundhaltung des Nicht-Wissens bzw. des Nicht-Besserwissens sind sie nur zum Teil »Beratungsratgeber«. Sie sind hilfreich für die Selbstreflexion, und sie helfen Berater:innen, Coachs und Supervisor:innen dabei, hilfreich zu sein. Und nicht zuletzt laden sie alle *Counsellor* zum Dialog und zum Experimentieren ein.

Dr. Dirk Rohr
Herausgeber der Reihe »Beratung, Coaching, Supervision«

Wilhelm Geisbauer

Reteaming und Neue Autorität

Lösungsorientiert in eine neue Arbeitswelt

2023

Themenreihe »Beratung, Coaching, Supervision«
hrsg. v. Dirk Rohr
Reihengestaltung: Uwe Göbel
Umschlaggestaltung: B. Charlotte Ulrich
Umschlagfoto: © kubko – stock.adobe.com
Redaktion: Nicola Offermanns
Satz: Drißner-Design u. DTP, Meßstetten
Printed in Germany
Druck und Bindung: CPI books GmbH, Leck

MIX
Papier | Fördert gute Waldnutzung
FSC® C083411
FSC www.fsc.org
CPI klimaneutral
Mehr Bäume.Weniger CO_2

Erste Auflage, 2023
ISBN 978-3-8497-0479-7 (Printausgabe)
ISBN 978-3-8497-8434-8 (ePUB)

Bibliografische Information der Deutschen Nationalbibliothek:
Die Deutsche Nationalbibliothek verzeichnet diese Publikation in der Deutschen Nationalbibliografie; detaillierte bibliografische Daten sind im Internet über http://dnb.d-nb.de abrufbar.

Informationen zu unserem gesamten Programm, unseren Autoren und zum Verlag finden Sie unter: **https://www.carl-auer.de/**
Dort können Sie auch unseren Newsletter abonnieren.

Carl-Auer Verlag GmbH
Vangerowstraße 14 • 69115 Heidelberg
Tel. +49 6221 6438-0 • Fax +49 6221 6438-22
info@carl-auer.de

Dieses Buch widme ich meinem Freund Harry Merl,
dem Begründer der lösungsorientiert-systemischen
Familientherapie in Österreich.

W. G.

Inhalt

Geleitwort

Die neue Arbeitswelt ist vielfältig, generationenübergreifend, vernetzt, weltweit, divers – und spannend. Das finden nur diejenigen unübersichtlich, die gewohnt sind, auf Hierarchien und Positionen, Repräsentanten und Entscheider zu schauen – Letztere bewusst in der männlichen Form genannt.

Die neue Arbeitswelt ist auf Lösungsorientierung angewiesen. Denn gerade ihre Bedingungen erfordern einen lösungsorientierten Dialog. Weil sie vielfältig ist, braucht es Kommunikation, die an Lösungen interessiert ist und nicht an Lautstärke oder am »Sieg« über einen »Gegner«. Weil sie weltweit vernetzt und generationenübergreifend ist, braucht sie eine Haltung, die einverstanden ist mit dem Fortbestand von unterschiedlichen Auffassungen.

Ein Buch, welches diese neue Arbeitswelt skizziert, tut gut daran, selbst eine solche Haltung einzunehmen. So ist dieses Buch an Kommunikation interessiert und nicht an »steilen Thesen« oder Krawall. Stets gilt die Aufmerksamkeit der Lösungsorientierung und nicht irgendwelchen einfachen Rezepten.

Dieses Buch ist ein Angebot zum Dialog: ein Dialog zwischen Autor und Lesenden. Und wer den Autor als Coach, Berater oder Reteaming-Ausbilder kennengelernt hat, weiß, dass Wilhelm Geisbauer Lösungsorientierung lebt und verkörpert: frisch, offen, geradeheraus, zupackend, bedacht, wertschätzend und stets auf Augenhöhe. Und keineswegs zufällig entsprechen diese Eigenschaften genau den sieben Elementen der Neuen Autorität.

Der Aufbau des Buchs ist nicht hierarchisch oder streng linear. Jedes Kapitel kann als Startpunkt für eine Denkbewegung dienen, die durch ein weiteres – nicht notwendigerweise das nachfolgende – Kapitel akzentuiert wird und/oder eine Aktivität in der neuen Arbeitswelt anstößt.

Günther Frosch, München

Vorwort

Als ich vor 25 Jahren auf einem Folder »What on earth is reteaming?« las, konnte ich nicht ahnen, dass dieses Konzept in kürzester Zeit in den Mittelpunkt meiner Beratungsarbeit rücken würde. Bei meinem ersten Besuch in Helsinki äußerten Ben Furman und Tapani Ahola den Wunsch, ich solle das Reteaming-Konzept in Mitteleuropa verbreiten – damals konnte ich noch nicht abschätzen, auf wie viel positive Resonanz das stoßen würde. Reteaming verbreitete sich so rasch in den deutschsprachigen Ländern, als hätten die vielfältigen Teams bereits darauf gewartet. Es war mir eine große Freude, bei den zahlreichen Teamentwicklungen, Ausbildungen zu Reteaming-Coachs und unzähligen Supervisionen wertvolle Erfahrungen sammeln zu können, die ich vor allem zusammen mit Harry Merl sorgfältig reflektierte und in die Weiterentwicklung dieses Ansatzes einbrachte. Zu Beginn wurde ich von der Fachwelt manchmal mit einem milden Lächeln bedacht, aber es machte mir nichts aus, denn ich wusste: Reteaming wirkt. Heute kommt man bei der ernsthaften Entwicklung effizienter, zukunftsträchtiger Organisationsformen an lösungsorientierter Kommunikation nicht mehr vorbei. Viele haben sich das Reteaming-Konzept zu eigen gemacht und erkannt, dass es zwar eine wirksame Methode, aber noch vielmehr eine konstruktive Haltung ist, die schnell zu optimalen Lösungen führt. Und der Vorteil ist: Jeder Mensch kann sie »problemlos« erlernen. Reteaming hat sich in all den Jahren von der ursprünglichen Einmal-Intervention zu einem professionellen Werkzeug für Coachs und in der Folge auch für Führungskräfte entwickelt.

Meiner Ansicht nach sind Führungskräfte die wichtigsten Teamentwickler[1], und ich habe in Haim Omers Konzept der »Neuen Autorität« ideale Grundgedanken dafür gefunden. Auch habe ich, angeregt durch die Arbeiten von Arist von Schlippe, Frank Baumann-Habersack und anderen, einen Ansatz entwickelt, wie sich die Führungsrolle für die Teamentwicklung besonders wirksam gestalten lässt.

In diesem Buch finden Sie die Synthese aus beiden Konzepten, und es ersetzt somit auch das *Reteaming: Methodenhandbuch zur lö-*

1 Zur besseren Lesbarkeit verwende ich bei allgemeinen Personenbezeichnungen das generische Maskulinum, selbstverständlich sind aber immer alle Geschlechter gemeint.

sungsorientierten Beratung sowie mein voriges Buch *Führen mit Neuer Autorität*. Deshalb richtet es sich explizit an Coachs *und* Führungskräfte. Diese beiden Rollen haben sich nach meiner Wahrnehmung in den letzten Jahren ohnehin sehr stark angenähert, wenngleich sie naturgemäß nicht deckungsgleich sein können. Für dieses Buch bedeutet das z. B., dass in manchem Kapitel mehr die eine und im nächsten Kapitel mehr die andere Rolle im Fokus steht. Da die einzelnen Kapitel weitgehend in sich geschlossen sind, können Sie das Buch linear lesen, also von vorne nach hinten, aber Sie können sich auch je nach Interessenlage einzelne Kapitel herauspicken und die für Sie passende Reihenfolge frei wählen. Zusätzlich finden Sie am Ende eines Kapitels meist einen Verweis auf weiterführende oder vertiefende Themen in anderen Abschnitten.

Ich starte in Kapitel 1 mit der Frage »Wie werde ich (wieder) lösungsorientiert?« und zeige darin auf, wie man bei heiklen Gesprächen dem drohenden »Problemteufelskreis« entkommt, stelle den Problemgesprächen Lösungsgespräche gegenüber und plädiere für einen echten Dialog.

In Kapitel 2 geht es um das Reteaming-Konzept: vom Contracting bis zur detaillierten Anleitung für die Prozessschritte, gefolgt vom Modell für ein Individual-Reteaming.

Zu Reteaming passt das Konzept vom Führen mit Neuer Autorität. In diesem Kapitel 3 beschreibe ich die sieben Elemente der Neuen Autorität und stelle in Kapitel 4 die drei wichtigsten Entwicklungsfelder dar: lösungsorientierte Kommunikation, Systemdenken und Reflexion. In Kapitel 5 geht es um die Frage: Welche Haltungen, Fertigkeiten und Einstellungen tragen zur Rückenstärkung für die Neue Autorität bei?

In Kapitel 6 beschreibe ich anhand von Beispielen immer wiederkehrende Fälle aus der Praxis, deren negative Auswirkungen leicht zu vermeiden gewesen wären. Im darauffolgenden Kapitel 7 beschäftige ich mich mit der Frage, woran man wirkungsvolle, stärkende Beratung erkennt. Wie ein Dramadreieck entsteht, aufrechterhalten wird und wie man wieder herauskommt, schildere ich in Kapitel 8.

In Kapitel 9 befasse ich mich mit der Generationenfrage mit dem Fokus auf Teamentwicklungen. Anschließend erfahren Sie in Kapitel 10, was Lösungsorientierung mit Gesundheitsentwicklung zu tun hat, und im Kapitel 11, wie man lösungsorientiert durch die Krise kommt. Das Buch beschließe ich in Kapitel 12 mit einem Interview mit meiner Kollegin Sabine Vogl zum Thema »Remote Working« und daraus abgeleiteten Aspekten für eine neue Arbeitswelt.

Viel Freude beim Lesen!

Wilhelm Geisbauer
Scharnstein, im Januar 2023

1 Wie werde ich (wieder) lösungsorientiert?

Die gute Nachricht gleich zu Beginn: Alle Menschen kommen lösungsorientiert zur Welt und verbringen folglich ihre frühe Kindheit in vielfach unbeschwerter Lösungsorientierung. Aber man kann davon ausgehen, dass mit fortschreitendem Lebensalter und manchmal mit dem Schuleintritt die Lösungsorientierung allmählich von der Problemorientierung überformt wird. Lernstandards und PISA-Tests treten in den Vordergrund und zeigen unverhohlen auf, wo die Probleme und die Fehler liegen – freilich in bester Absicht, diese auszumerzen. Allerdings ist eine gute Intention noch lange kein Garant für eine gute Wirkung. Richtet man den Aufmerksamkeitsfokus nämlich zu sehr auf Defizite, Fehler und Probleme, so wird dieser Bereich in unserer Wahrnehmung mehr Raum einnehmen. Die Welt erscheint uns mangelhaft. Wo immer wir hinblicken: nichts als Probleme. Das heißt natürlich nicht, dass wir Probleme, die es ja tatsächlich auch gibt, ignorieren oder unter den Teppich kehren sollen. Die Frage ist, wie wir sie ansprechen, wie wir an sie herangehen und sie zu lösen versuchen. Manchmal ist gerade die versuchte Lösung das Problem.

Wenn Führungskräfte problematische Situationen in ihren Teams ansprechen, gehen sie oft so vor: »Ich habe Sie heute zu diesem Gespräch gebeten, weil immer wieder Fehler passieren, die wir beheben müssen. Lassen Sie uns doch ganz sachlich darüber reden, warum die Probleme auftauchen. Wir sind doch schließlich alles erwachsene Menschen.« Wenn wir einem Problem auf den Grund gehen wollen, fällt meist reflexartig das Fragewort »Warum?«.

Solche Gespräche können gelingen und zu einer guten Lösung führen – dann haben wir Glück gehabt. Denn viele dieser gut gemeinten Gespräche scheitern oft schon nach wenigen Minuten. Die Gesprächsteilnehmer sind in die klassische »Warum-Falle« getappt und können sich nicht mehr befreien, nicht einmal mit einem guten Moderator: Es kommt zu keinen Lösungen, sie sind enttäuscht, zornig oder gekränkt, aber in jedem Falle frustriert. Der Lösungsversuch misslingt häufig schon in der Anfangsphase des Gesprächs, weil hier ein getarntes »Minenfeld« wartet.

Was kann in solchen Fällen allzu leicht passieren? Ist das Problem einmal angesprochen und auch ein wenig erörtert, lauert nämlich schon im nächsten Schritt die Gefahr. Mit dem kleinen Fragewörtchen

»Warum?« geht man das Risiko ein, das Gespräch kippen zu lassen. Der zweifellos gut gemeinte Analyseversuch »Warum haben wir das Problem?« führt selbst den besten Moderator aufs Glatteis. Er kann jetzt nämlich nicht mehr verhindern, dass die Beteiligten beginnen, sich gegenseitig zu beschuldigen, das Problem verursacht zu haben. Und Beschuldigungen lösen bei den Adressaten unweigerlich Kränkungen aus. Diese wiederum bewirken Handlungsweisen wie Rechtfertigung, Rückzug oder Gegenangriff. Die Teilnehmer werden von Emotionen ergriffen: Die Sachlichkeit schwindet, Konflikte ziehen auf, und es kommt zum »Blamestorming«. Die Atmosphäre wird unkooperativ, der Ideenfluss stockt. Tragfähige Lösungen rücken immer weiter in die Ferne und verschwinden dann völlig. Stattdessen gibt es Erklärungen für den fehlenden Fortschritt: »Das funktioniert bei uns nicht, weil ...« Diese Erklärungen führen wiederum zu neuen Schuldzuweisungen und so weiter.

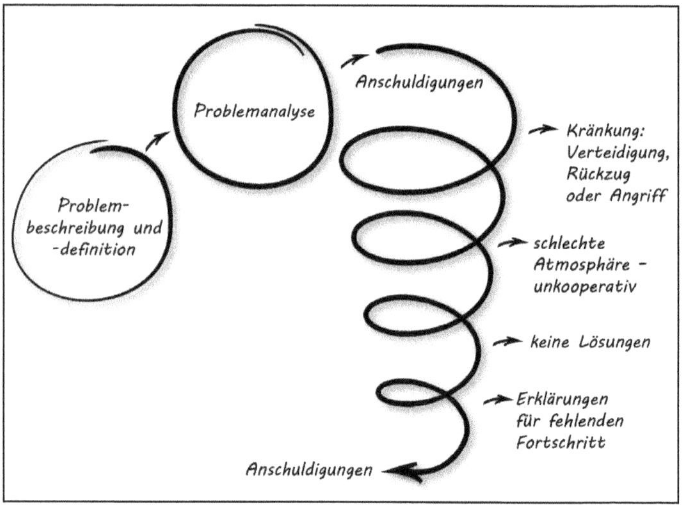

Abb. 1: Problemteufelskreis

Führungskraft und Team sind in den Problemteufelskreis (s. Abb. 1) geraten und kommen aus eigener Kraft meistens nicht mehr heraus. Es geht in die nächste Runde des Kreislaufs, und das lässt sich beliebig fortsetzen. Der Problemteufelskreis fordert von den Teilnehmenden viel Energie ein. Er hält sich dadurch aufrecht, geht »gestärkt« in die nächste Runde und dann in die übernächste. Das Team wird dabei in seiner Kooperation geschwächt. Positive Energie schwindet mehr und mehr und fehlt dem Team bei seiner Performance. So kann keine Lösung entstehen.

In dieser Situation werden gewöhnlich Berater eingeladen. Wenn sie nicht aufpassen und der Einladung zur Problemanalyse doch folgen, geraten sie zusammen mit dem Team in eine weitere Runde des Teufelskreises und machen sich in der Folge das Leben schwer. So entscheidet sich schon am Beginn der Beratung, ob ein Berater für die Problemlösung nützlich sein kann oder im Problemteufelskreis seine Wirkung auf das System verliert.

Die entscheidende Frage ist also: Wie können Führungskräfte oder Berater konstruktiv über Probleme reden? Ist es möglich, Probleme in Teams ohne Problemanalyse, ohne Suche nach den Schuldigen, ohne Krampf und Kränkung zu lösen?

1.1 Die Antwort gibt der Reteaming-Kreislauf

Natürlich werden auch hier zu Beginn die Probleme benannt und beschrieben, statt sie unter den Teppich zu kehren. Sie werden für die Beteiligten transparent gemacht. Aber es unterbleibt jegliche Einladung, die Probleme zu analysieren – darauf verzichten wir wegen der Gefahr einer Kränkung ganz. Hier unterscheiden sich soziale Systeme (Teams, Arbeitsgruppen, Organisationen) von technischen Systemen sehr deutlich. Während man bei Maschinen, Autos, Computern usw. gefahrlos Analysen durchführen kann und zur Behebung eines Schadens auch muss, sind sie bei menschlichen Systemen kontraproduktiv und deshalb nicht empfehlenswert.

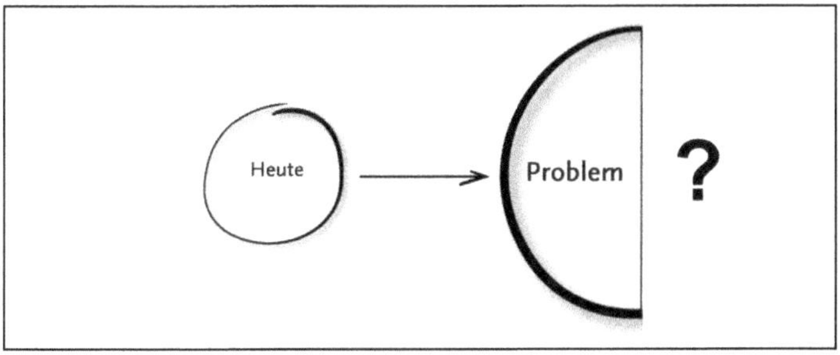

Abb. 2: »Kehrseite« von Problemen

Probleme haben eine »Kehrseite«, die häufig übersehen wird (s. Abb. 2, S. 17). Sie versteckt sich manchmal, aber sie ist immer da.

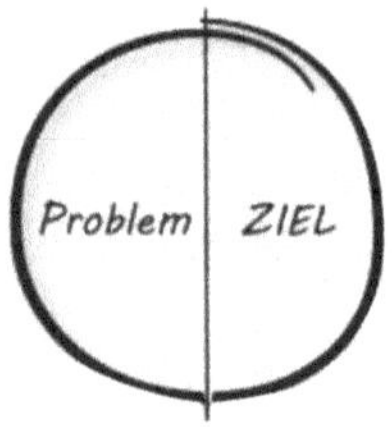

Abb. 3: Probleme sind verkleidete Ziele

Wenn wir die Aufmerksamkeit auf diese Kehrseite lenken, finden wir Ziele (s. Abb. 3, S. 17). Jedes Problem verfügt über ein korrespondierendes Ziel oder mehrere. Probleme sind verkleidete Ziele. Und damit arbeiten wir im Reteaming. Herauszufinden, welches korrespondierende Ziel hinter dem Problem liegt, lohnt sich für jede Problemlösung – also nicht nur für Teams, sondern z. B. auch für Paare. Jedes Meeting wird zu geeigneten Lösungen führen, wenn man diesen Schritt beachtet: Wie heißt die Herausforderung, die in dem Problem steckt, was ist also unser Ziel (s. Tab. 1)?

Problem	**korrespondierendes Ziel**
Informationen zu spät	optimaler Informationsfluss
unkoordiniertes Vorgehen	transparentes, zielgerichtetes Handeln
Vereinbarungen werden nicht eingehalten	Feedback-Kultur
gestörte Zusammenarbeit	flexible Zusammenarbeit
unverständliche Entscheidungen	transparente Entscheidungen
usw. …	

Tab. 1: Probleme in Ziele verwandeln

Damit richten wir den Fokus von der Vergangenheit elegant auf die Zukunft. Das ergibt automatisch ein Gespräch mit einer spürbaren Vorwärtsbewegung. Die Gefahr von Schuldzuweisungen ist hier gebannt und steht der Lösung nicht mehr im Wege. Außerdem arbeiten die Menschen gerne an einer guten Zukunft, weil das ihrem ursprünglichen Wesen entspricht.

Die Zukunft kann man ändern, sie ist ein Land, das niemandem gehört, man kann es sich deshalb zu eigen machen. Die Vergangenheit hingegen ist Geschichte, sie ist geschrieben, man kann sie nicht mehr ändern. Wir sind allerdings Zeugen unserer Vergangenheit und tragen sie auch als Lernerfahrung in uns, sollten auf ihre Analyse aber verzichten.

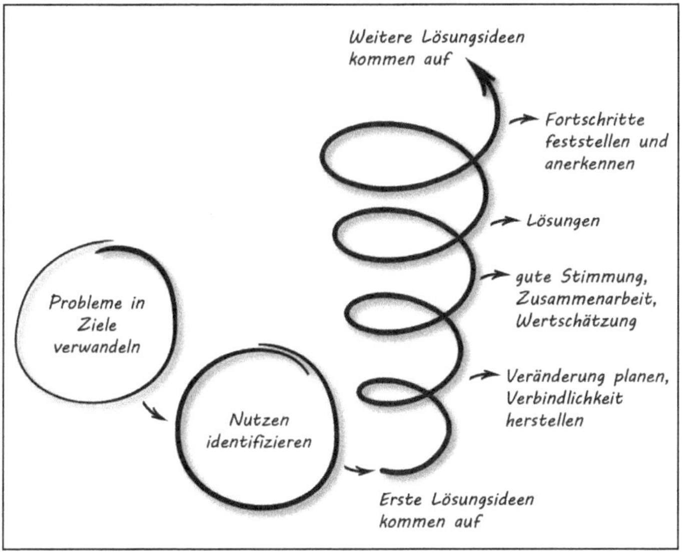

Abb. 4: Reteaming-Kreislauf

Deshalb arbeiten wir nicht rückwärtsgewandt am Problem, sondern vorwärtsgewandt an dem Ziel weiter (s. Abb. 4). Wir lösen damit das Problem, aber wir nennen es Ziel. Und das ist ein großer Unterschied! Solche Gespräche verlaufen dann in einer kooperativen und kreativen Atmosphäre, denn die Gefahr von Beschuldigungen und Kränkungen fällt weg – unter den Beteiligten stellt sich Resonanz ein.

Fazit: Bei der Lösungsorientierung richtet man den Blick auf die Kehrseite des Problems. Und die heißt: Ziel.

Bei der Problemorientierung herrscht hingegen die Annahme vor, hinter jedem Problem liege ein noch viel größeres, das das »vordergründige« Problem bewirke. Diese Sichtweise führt unweigerlich in die Vergangenheit, die aber nicht zu ändern ist.

Die Lösungsorientierung hingegen eröffnet Perspektiven für die Zukunft und den dabei entstehenden Gestaltungsspielraum. Sie ermöglicht eine Vorwärtsbewegung im Team. Der Reteaming-Prozess lässt sich damit vergleichen, eine Brücke zu bauen in eine Zukunft, die sogar noch besser ist als erwartet (s. Abb. 5).

Abb. 5: Brücke in die Zukunft

1.2 Lösungen entspringen dem Dialog

Will man Lösungen im Gespräch finden, ist ein Dialog unumgänglich. Der Dialog schafft die Voraussetzung, um gemeinsam Lösungen zu konstruieren oder zu erfinden. Lösungen entstehen also zwischen den Gesprächspartnern – gewissermaßen in ihrem Zwischenraum. Wer einen Dialog führen will, muss zuhören können. Das ist das Wichtigste. Der Dialog beginnt dort, wo die Diskussion endet. Es geht mehr um Achtsamkeit und Aufmerksamkeit als um Techniken. Es geht beim Dialog weniger um Aktionismus als vielmehr um aktives Zuhören und feinsinniges Fragen – wobei die Betonung auf *Zuhören* liegt. Es geht um Gleichberechtigung und um gleiche Augenhöhe. Der Dialog entspringt einer demokratischen Grundhaltung und dem Verständnis von Ebenbürtigkeit und einer »horizontalen Hierarchie«, wie es der Neuen Autorität entspricht.

Das im Folgenden dargelegte Vier-Quadranten-Modell von Haesun Moon (2020, S. 251–254; 2021) bietet eine Handreichung und Orientierung dazu, mit Gesprächspartnern in einen echten Dialog zu kommen und gemeinsam Lösungen zu kreieren. Es geht ihr dabei mehr ums Zuhören als ums Sprechen. In Coaching-, aber auch in Leadership- und anderen Gesprächen fokussieren wir gewohnheitsmäßig sehr stark auf das, was wir fragen – aber Fragen ist nicht Zuhören.

Natürlich sind gute Fragen wichtig, und ich ermuntere Führungskräfte regelmäßig, sich eine fragende Haltung anzueignen (»Wer fragt, der führt!«). Und Fragen sind natürlich das wichtigste Handwerkszeug des Coachs. Aber wenn wir in einer intensiven Fragehaltung sind, kann es vorkommen, dass wir nicht mehr richtig zuhören, weil wir so sehr mit unserer eigenen Fragekunst und mit unseren Hypothesen beschäftigt sind. Und möglicherweise schränken wir dann mit ungeeigneten Fragen die Antworten unseres Gesprächspartners ein. Das hat natürlich Auswirkungen auf den Verlauf des Gesprächs und kann dazu führen, dass aus dem Dialog – trotz bester Absicht – nichts wird.

Wenn die Gesprächsteilnehmer sich einander uneingeschränkt und vorurteilsfrei zuhören können, ohne zu versuchen, sich gegenseitig zu beeinflussen, kann eine solche Kommunikation (lat. *communicare* = »etwas gemeinsam machen, einander mitteilen«) dazu führen, dass sich aus durchaus unterschiedlichen Sichtweisen etwas Neues schaffen lässt.

> »Wenn die Leute kooperieren sollen, müssen sie fähig sein, etwas Gemeinsames zu schaffen, etwas, das in ihren gemeinsamen Gesprächen und Handlungen Gestalt annimmt. Wenn stattdessen Personen in Machtstellungen andere als passive Ausführungsorgane ihrer Autorität betrachten und ihnen lediglich etwas mitteilen, ist das nicht möglich« (Bohm 2017, S. 27–28).

Zugegeben: Vorurteilsfrei zuzuhören ist leichter gesagt als getan. Es erfordert schon ein hohes Maß an Aufmerksamkeit und Wachsamkeit,

> »um uns eigener subtiler Empfindungen von Angst und Vergnügen bewusst zu werden, die unsere Fähigkeit blockieren, frei zuzuhören« (Bohm 2017, S. 30).

Zwei Themen stellt Haesun Moon (2021) dazu an den Beginn:

1. die Rolle des Zuhörers und
2. die Auswirkung auf den Gesprächspartner und den Gesprächsverlauf.

Was kennzeichnet die Rolle des Zuhörers?

Zuhören ist kein passives Unterfangen, sondern eine Aktivität, die Konzentration, Achtsamkeit und Verstehenwollen erfordert. Die Zuhöraktivität kann sichtbar werden durch Blickkontakt, Nicken, Lächeln, Hochziehen der Augenbrauen, Stirnrunzeln, Handgesten oder hörbar durch z. B. »Oh«, »Aha«, »Hm« (es gibt übrigens mindestens 19 verschiedene »Hms«!).

Vor diesem Hintergrund sollten wir die weitverbreitete Praxis des Reformulierens auch einmal kritisch überdenken. Reformulieren (Paraphrasieren) bedeutet: Der Zuhörer wiederholt, fasst zusammen, kommentiert und/oder fügt mit eigenen Worten hinzu, was er glaubt, verstanden zu haben. Reformulieren wurde zwar traditionell und allgemein als neutrale und nichtdirektive Aktivität angesehen, aber einige Kollegen vertreten auch die Sichtweise, dass Reformulierungen Einfluss auf den Dialog nehmen können und nicht zwangsläufig einen Beweis des Verstehens begründen. Das gilt insbesondere dann, wenn der aktive Zuhörer das, was der Sprecher präsentiert, entweder ändert oder etwas weglässt bzw. ergänzt. Wenn sich das auf den Gesprächsverlauf negativ auswirkt, ist es besser, Reformulierungen weitgehend zu vermeiden und lieber gut zuzuhören und dabei die »Hms« einzusetzen.

Und dann sind es natürlich geeignete Fragen, die eine wichtige Rolle spielen, um einen Dialog in Gang zu halten. Aber auch hier ist anzumerken, dass es Fragen gibt, die mit Ratschlägen, Hypothesen, Erfahrungen oder sogar Suggestionen aufgeladen sind: »Solltest du nicht lieber …?«, »Wäre es nicht vorteilhaft …?«, »Verbirgt sich dahinter nicht ein viel größeres Problem?«, »Könnte es sein, dass da mehr dahintersteckt?«, »Glaubst du wirklich, dass …?«

Bei solchen Fragen wird man negative Auswirkungen auf den Dialog befürchten müssen. Deshalb ist es unumgänglich, die eigenen Fragen sorgfältig zu überlegen, das Wording genau zu bedenken und Auswirkungen aufmerksam zu beobachten. Gutes und richtiges Zuhören und geeignete Fragen bestimmen also den Verlauf des Gespräches und eröffnet somit den Weg für Lösungen – ganz nach dem Motto von Haim Omer:

> »Schmiede das Eisen, wenn es kalt ist.«

Wie wirkt sich das auf den Gesprächspartner aus?

Werfen wir gleich einen Blick auf den Dialogic-Orientation-Quadranten (DOQ) nach Haesun Moon (Moon 2021), der uns Orientierung in der Dialogfindung gibt und im Dialog die Richtung weisen wird (s. Abb. 8, S. 24). Wenn Menschen sprechen, dann gibt es in ihren Erzählungen immer eine Zeitachse, also eine zeitliche Dimension wie in Abbildung 6. In der Konversation, auch in gewöhnlichen Gesprächen mit Kollegen, Freunden oder Familienmitgliedern, bemerken wir diese Zeitachse, die von der Vergangenheit über die Gegenwart in die Zukunft reicht. Hinzu kommt eine inhaltliche Dimension (s. Abb. 7), und wir finden ein breites Spektrum – angefangen von positiven Inhalten (»möchte ich mehr«) bis hin zu negativen Inhalten (»möchte ich weniger«). Positive Inhalte umfassen die Dinge, die Menschen in ihrem Leben fortsetzen, intensivieren oder sich entwickeln lassen möchten: zuträgliche Beziehungen, besondere Momente, förderliche Einstellungen, inspirierende Gedanken, wertvolle Erfahrungen, richtungsweisende Entscheidungen, angenehme Gefühle und berechtigte Hoffnungen, klare Ziele und fruchtbare Strategien.

Am anderen Ende stehen negative Inhalte, von denen die Menschen weniger wollen: Verletzungen, Kränkungen und Probleme bis hin zu Traumata, Zukunftssorgen, Befürchtungen usw.

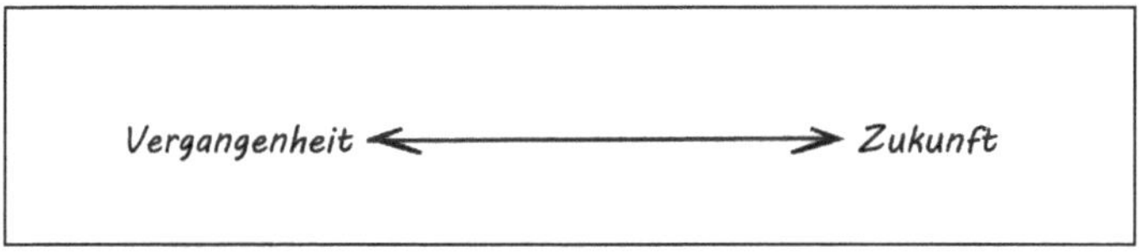

Abb. 6: Timeline

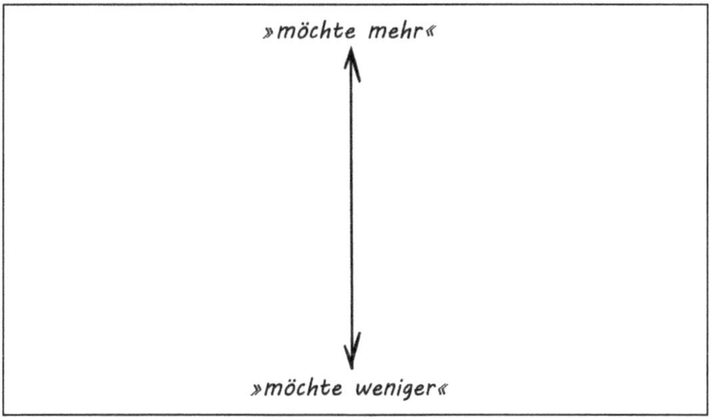

Abb. 7: Positive und negative Inhalte

Wenn wir die Zeitachse als horizontale Achse mit der Inhaltsachse als vertikaler Achse überschneiden, entsteht ein einfaches Quadranten-Modell (s. Abb. 8). Haesun Moon nennt es das dialogische Orientierungs-Quadranten-Modell (Dialogic-Orientation-Quadrant, DOQ), dabei handelt es sich um eine Landkarte des Zuhörens. Das Modell gibt Orientierung, in welchem Quadranten sich das Gespräch gerade »befindet«. Bevor wir uns mit der Auswirkung des Zuhörens beschäftigen, sehen wir uns den DOQ näher an.

Wir haben vier Quadranten (Q1–Q4):

- Q1: positiver Inhalt in der Zukunft; er steht für die bevorzugte bzw. erwünschte Zukunft – Visionen, Strategien, Ziele, Sehnsüchte, ...
- Q2: positiver Inhalt in der Vergangenheit; er steht für eine ressourcenreiche Vergangenheit – Stärken, Ressourcen, Kompetenzen, Erfolgsstorys, positive Lernerfahrungen, positive Entwicklungen, ...
- Q3: negativer Inhalt in der Vergangenheit; er steht für eine problematische Vergangenheit – Probleme, Verletzungen, Kränkungen, Traumata, ...
- Q4: negativer Inhalt in der Zukunft; er steht für eine befürchtete Zukunft – Befürchtungen, Sorgen, ...

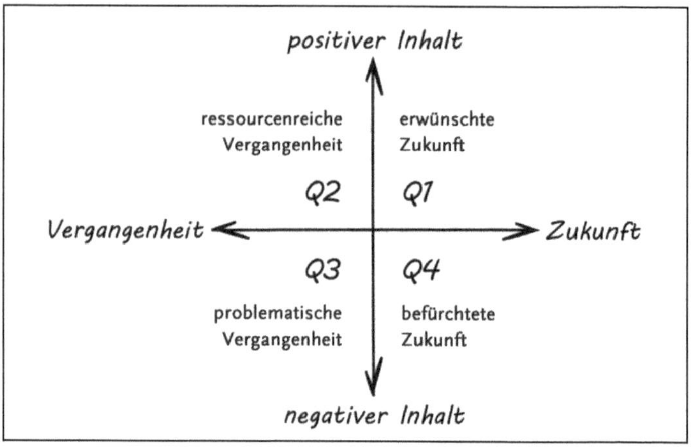

Abb. 8: Vier Quadranten

Wenn Menschen über Probleme sprechen, dann bewegen sie sich häufig in den beiden unteren Quadranten, also Q3 und Q4. Vorzugsweise reden wir über das, was nicht funktioniert, was wir befürchten, oder wovon wir uns bedroht fühlen. Wahrscheinlich ist das wertvoll und wichtig für unser Überleben, wenn wir Probleme und Befürchtungen ansprechen und beim Namen nennen. Unter diesem Eindruck kann niemand ausschließlich aus Q1 und Q2 reden – das ist unmöglich.

Unsere Rolle als Zuhörer ist sehr spezifisch, wie ich oben ausgeführt habe. Wie wirkt sich das Zuhören auf das Gespräch aus? Was bewirkt, dass Gesprächspartner mehr erzählen oder dass sie aufhören zu erzählen? Besonders im Coaching fokussieren wir stark darauf, wie wir fragen, aber Fragen ist nicht Zuhören. Wenn wir viele Fragen stellen, schränkt das womöglich unser Zuhören ein. Wenn wir reformulieren (paraphrasieren), zusammenfassen, festhalten und dabei eigene Worte einfügen, die unser Gegenüber gar nicht gesagt hat, müssen wir mit Auswirkungen auf den Gesprächspartner und dessen Kommunikation rechnen. Wenn wir durch unsere Fragen Interesse an Q3 und/oder Q4 zeigen: Wie wirkt sich das auf unsere Konversation aus? Wahrscheinlich bekommen wir Erklärungen, warum etwas nicht funktioniert. Davon hat genaugenommen niemand etwas, und es führt auch nicht zur Lösung. Eine kleine Geste kann die Rede des anderen beeinflussen. Es lässt sich leicht feststellen, dass die Gesprächspartner weiter mehr von dem erzählen, was den Zuhörer interessiert. Natürlich ist es wichtig, das Problem zu würdigen, aber dann auch konsequent die Aufmerksamkeit auf die Coping-Strategien zu lenken. »Erzähle mehr, wie hast du das bisher bewältigt? Was ist dir schon gelungen? Wer hat dich unterstützt? Was sagt das über dich aus?« Haesun Moon meint: Wie wir zuhören, beeinflusst, wie und worüber wir sprechen. Also kommt es auf das Zuhören an – auf die Art, wie wir Interesse zeigen.

Erwähnenswert erscheint mir in diesem Zusammenhang das Phänomen »Problemfaszination«. Menschen sind oft fasziniert von Q3 und Q4 – auch für uns Coaches wie für Führungskräfte scheint das typisch. »Erzähle mir mehr … was nicht funktioniert.« Dann befällt den Gesprächspartner eine Problemtrance, und die möglichen Lösungen rücken in weite Ferne.

Aber wie geben wir solchen Gesprächen eine Wende? Wie können wir einen Wechsel von Q3 und Q4 in die oberen Quadranten (Q2 und Q1) initiieren (s. Abb. 9, S. 26)?

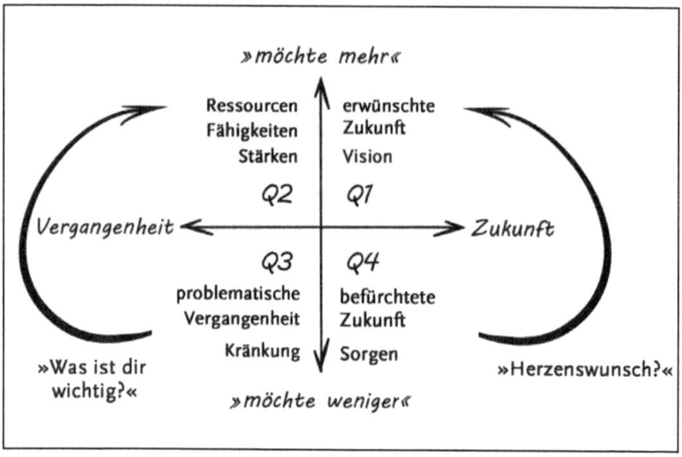

Abb. 9: DOQ Ressourcen-Aktivierung

Hier gibt es eine Schlüsselfrage zur Aktivierung von Q1 und Q2. Sie lautet »Erzähle mir: Was ist dir wirklich wichtig?« oder »Welches Herzensanliegen zeigt sich in deiner Erzählung?«. Damit aktivieren wir als Zuhörer nicht das Problem des Sprechers, sondern erinnern ihn an die Ressourcen, Stärken und an das Wissen um die eigene Kompetenz und an seine Zuversicht. Diese wichtige Frage ist nicht schwierig zu stellen, man muss es sich nur zutrauen. Die Wirkung ist verblüffend: Mit der Erinnerung an Ressourcen stellt sich nach und nach Zuversicht ein. Ein kleines Pflänzchen beginnt zu wachsen, das unsere Aufmerksamkeit braucht. Beginnen Sie den nächsten Satz so: »Ich denke, dir scheint wirklich *das und das* wichtig zu sein. Stimmt das?« Wenn der oder die Betreffende antwortet: »Ja, ich denke, ich tue das«, lautet Ihre nächste Frage: »Warum ist das wichtig für dich?« Es folgt z. B. die Antwort: »Weil ich *das und das* erreichen/verändern/aufgeben (was stattdessen?) möchte.«

Damit hat der Zuhörende das Gespräch in Richtung Q1 und Q2 aktiviert. Das erhöht die Chance, dass das Gespräch nun Kurs auf erste Lösungsansätze nimmt. Wenn die Menschen bei ihren Erzählungen darüber, was ihnen wichtig ist, beim Zuhörer auf Interesse stoßen, so ist das die Grundlage für den Dialog, weil sie sich öffnen und kreativ werden können.

> »Je mehr wir die Menschen dazu bringen, ihre Aufmerksamkeit auf Q1 und Q2 zu richten, desto eher werden sie mit dir über eigene Ressourcen, Stärken, Fähigkeiten, Visionen und Ziele sprechen, weil

sie sich sicherer fühlen und außerdem kompetent und zuversichtlich sein können«,

meint Haesun Moon (2021).

Den Aufmerksamkeitsfokus durch Zuhören und die gezielte Frage »Was ist dir wirklich wichtig?« zu lenken, ist die ureigene Aufgabe von Coaches und Führungskräften, um mit den ihnen anvertrauten Menschen in Dialog zu kommen. Die Aufmerksamkeit lässt sich dann auch leicht auf die Zukunft lenken, denn sie steckt voller Möglichkeiten und »ist ein Land, das niemandem gehört«. Erste Lösungen werden dann nicht lange auf sich warten lassen.

1.3 Welche Schlüsse können wir daraus ziehen?

Die Art des Zuhörens hat bedeutenden Einfluss darauf, ob ein dialogischer Prozess überhaupt zustande kommt, und entscheidet maßgeblich darüber, ob aus dem Gespräch ein echter Dialog wird. Denn dort entstehen gemeinsame Konstruktionen von Wirklichkeiten und Bedeutungen ebenso wie die passenden Lösungen. Lösungen werden im Dialog »zwischen« den Gesprächspartnern generiert, haben also ihren Ursprungs- und Entstehungsort im »Zwischenmenschlichen«.

Haesun Moon verdeutlicht die Wirkung des DOQ als sehr praxisnahe Theorie mit vielfältigen Implikationen in den Bereichen Coaching, Leadership, Pädagogik und Therapie – ganz im Sinne des Ausspruchs von Kurt Lewin:

> »Es gibt nichts Praktischeres als eine gute Theorie.«

Übrigens, man kann nicht nur andere, sondern auch sich selbst aus Q3 und Q4 befreien und zu Q1 und Q2 hinführen – es funktioniert mit ein wenig Entscheidungskraft und etwas Übung im oben beschriebenen Sinn.

Die Grundstruktur des DOQ finden wir im lösungsorientierten Teamentwicklungs- und Organisationsentwicklungs-Ansatz von Reteaming praktisch umgesetzt. Im Folgenden möchte ich das Reteaming-Konzept präsentieren.

2 Das Reteaming-Konzept

Niemand ist für das Problem allein,
jeder aber für die Lösung verantwortlich.

Zahlreiche Reorganisationen, die Anfang der 1990er-Jahre in skandinavischen Unternehmen durchgeführt worden waren, verfehlten nicht nur die erwarteten Erfolge, sondern zeigten unbeabsichtigte »Nebenwirkungen«, die die Funktionalität dieser Organisationen oft schwer beeinträchtigten. Die Vermutung lag nahe, dass man bei diesen Veränderungsprozessen den *hard facts* (also den betriebswirtschaftlichen Aspekten) besondere Beachtung geschenkt, hingegen den Blick auf die *soft facts* (wie Kooperation, Vertrauen, Zuversicht, Lern- und Veränderungsbereitschaft, Partizipation) vernachlässigt hatte.

Dieser Umstand rief den Psychiater Ben Furman und den Sozialpsychologen Tapani Ahola, beide Pioniere der systemisch-lösungsorientierten Kurzzeittherapie in Europa, auf den Plan. Für solche Aufgabenstellungen entwickelten sie eine Intervention, die sie Reteaming nannten.

Mit Reteaming, das ursprünglich so viel bedeutet wie Teamneubildung, gelang es erstaunlich gut, »steckengebliebene Teams« in kurzer Zeit wieder aus dem festgefahrenen Zustand (*stuck state)* herauszuführen, Optimismus für die Zukunft zu wecken, die Koordination von Handlungen zu unterstützen und den Weg zu einem attraktiven Teamziel nachhaltig zu sichern.

Schon bald stellte sich heraus, dass das Reteaming-Konzept (Methode, Struktur und Haltung) nicht nur bei bzw. nach Reorganisationsprozessen gute Ergebnisse hervorbringt, sondern dass sich auch besondere Effekte auf das Wohlbefinden in Beziehungen und auf die Leistungsfähigkeit der Menschen beobachten lassen – egal, in welchen Teams sie arbeiten, und egal, in welchen Entwicklungsstadien die Teams sich gerade befinden.

Seit mehr als 20 Jahren ist Reteaming als Ansatz für die Organisationsentwicklung, aber auch als Struktur für Einzelcoaching in Mitteleuropa heimisch und erfreut sich gerade hier sowohl bei Managern und Managerinnen als auch bei Beratern und Beraterinnen rasant steigender Beliebtheit.

Das Reteaming-Konzept beinhaltet eine Methode, eine Haltung und eine ganz bestimmte Beziehung des Coachs zum Klientensystem. Als Methode bietet es eine Auswahl und Abfolge von Prozessschritten im Hinblick darauf an, wie die Menschen eines Teams konstruktiv mit Problemen, die sie wahrnehmen, umgehen können. Die Haltung entwickelt der Coach durch konsequente Reflexion. Besondere Merkmale der Beziehung des Coachs zum Klientensystem sind

- das Streben nach Symmetrie
- Neutralität
- bestimmte Vorannahmen
- besondere Werthaltungen
- lösungsorientierte Sprache
- transparente Kommunikation und
- eine vertrauensvolle Atmosphäre.

2.1 Die Reteaming-Methode

Reteaming stützt sich auf die Konzepte der systemisch-lösungsorientierten Kurzzeittherapie, wie sie von Steve de Shazer, Insoo Kim Berg, Bill O'Hanlon, Harry Merl, Ben Furman und anderen erarbeitet und erfolgreich angewandt wurden und werden.

Die Wurzeln der systemisch-lösungsorientierten Kurzzeittherapie gehen zurück auf die Forschungsgruppe des Mental Research Institute in Palo Alto. Watzlawick, Weakland und Fish (1988) verknüpften die technischen Beiträge der Hypnotherapie von Milton H. Erickson mit ihrer systemtheoretischen Perspektive, wodurch sie vom Standpunkt der Formulierung systemischer Modelle aus in der Lage waren, Ericksons strategischen Therapieansatz von reiner Kunst oder Magie zu einem reproduzierbaren klinischen Verfahren weiterzuentwickeln (Watzlawick u. Nardone 1999, S. 15).

Es handelt sich dabei um einen Ansatz und eine Art der Gesprächsführung, die den Menschen hilft, gemeinsam über das Finden von Problemlösungen nachzudenken, statt darüber zu reflektieren, wodurch die Probleme verursacht wurden oder wessen Schuld sie sind.

Die Art und Weise, wie Menschen üblicherweise über Probleme sprechen, führt häufig zu weiteren Schwierigkeiten und Schuldzuweisungen (s. den Problem-Teufelskreis in Abb. 1, S. 16), denn die traditionelle Herangehensweise zur Bearbeitung zwischenmenschlicher Probleme beruht auf der Vorstellung, man müsse diese zuerst genau artikulieren und analysieren, bevor man sie lösen könne. Schuldzuweisungen und Rechtfertigungen der Betroffenen führen zu einer Atmosphäre, die die Zusammenarbeit erstickt, Kreativität beeinträchtigt und die Motivation stört. Eine Problemlösung ist unter solchen Bedingungen kaum möglich.

Watzlawick widerspricht der Annahme, hinter jedem wahrgenommenen Problem (Symptom) wirke ein viel mächtigeres Problem; er vertritt die Ansicht, nicht die Probleme seien das Problem, sondern die (bisher) versuchten Lösungen (Watzlawick 1991, S. 118).

Es mag provokant klingen, aber Reteaming verzichtet auf eine Problemanalyse gänzlich – nicht jedoch auf eine Kontextklärung. Provokant vielleicht deshalb, weil es dem geläufigen mentalen Modell von Erkenntnis widersprechen mag, in dem seit Jahrhunderten postuliert wird, eine Problemanalyse sei Voraussetzung für die Problemlösung. Stattdessen lenken wir in dieser Methode die Aufmerksamkeit auf Ziele und die Zukunft, machen uns Ressourcen bewusst und entwickeln Strategien sowie Wege, wie diese Ziele sich realisieren lassen und die Zukunft am besten zu gestalten ist.

Nach Steve de Shazer (1989, S. 74) geht es um das »Andersartige« am (neuen) Denken und Handeln in Bezug auf das Problem, entsprechend der lösungsorientierten Idee:

> »Wenn etwas nicht funktioniert, mach etwas ander(e)s!«

Bei Ben Furman (1996, S. 23) liest man:

> »Es gibt nur zwei Möglichkeiten, Menschen zu helfen, ihre Probleme zu lösen. Die eine ist, ihnen eine neue Art des Handelns in Bezug auf das Problem zu ermöglichen, und die andere, ihnen zu einer neuen Art des Denkens in Bezug auf das Problem zu verhelfen.«

Bei Skeptikern taucht manchmal die Frage auf: »Werden bei lösungsorientierter Arbeit nicht die Probleme unter den Teppich gekehrt?« Die Antwort ist einfach: »Nein, wir können an unseren Problemen und Herausforderungen konstruktiv arbeiten, wenn wir sie in Ziele verwandeln.«

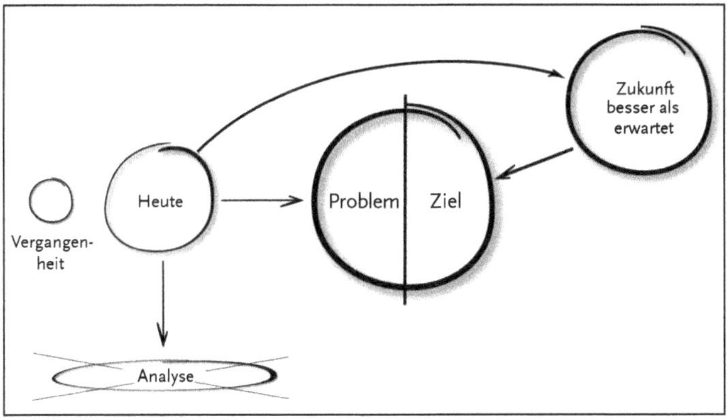

Abb. 10: Reteaming-Modell

Abbildung 10 zeigt die Logik von Reteaming: Angenommen, wir haben heute ein Problem vor Augen und entscheiden uns, es anzugehen. Wegen der Gefahr der Kränkung schauen wir nicht in die Vergangenheit und verzichten ganz auf eine vertiefende Analyse des Problems. Wir haben die Vergangenheit ohnehin als Lernerfahrung in uns gespeichert, sie ist uns also mehr oder weniger präsent. Es gibt nur wenige Ausnahmen, bei denen es sich empfiehlt, trotzdem in die Vergangenheit zu gehen – nämlich dann, wenn jemand nachhaltig geschädigt wurde und eine anhaltende Schieflage in den Beziehungen eingetreten ist, die eine Lösung verhindert. In solchen Fällen muss man einen Ausgleich suchen – sie sind aber meist der Psychotherapie vorbehalten und in Teamentwicklungen äußerst selten. Bleiben wir bei unserer Problembearbeitung, denn jetzt erfolgt ein wichtiger Schritt. Der Coach oder die Führungskraft regt an, eine zukünftige Perspektive einzunehmen, also über das Problem hinaus einen zukünftigen Zustand zu konstruieren, in dem das Problem nicht nur gelöst ist, sondern darüber hinaus die Lösung noch viel besser als erwartet ist. Also ist es mit wenig Aufwand möglich und sehr sinnvoll, ein attraktives Lösungsbild zu kreieren. Blicken wir dann von diesem Zukunftsbild aus zurück Richtung heute, sehen wir überraschend die zweite Seite des Problems: das Ziel. Obwohl das Ziel aus der Heute-Perspektive nicht so leicht sichtbar ist, ist es doch immer da. In diesem Modell wird klar, dass jedes Problem ein oder auch mehrere korrespondierende Ziele beinhaltet. Für die Problemlösung genügt es, mit dem Ziel weiterzuarbeiten, also bei der zukünftigen Perspektive zu bleiben und solide Schritte zu planen. So lässt sich der Lösungszustand (eine attraktive Zukunft) optimal erreichen. Zusätzlich werden Ressourcen aktiviert und identifiziert, die einen soliden Weg zum Ziel garantieren. Die Teammitglieder arbeiten bei der Problemlösung also konsequent am Ziel und lösen damit gemeinschaftlich das Problem. Das bewirkt eine völlig andere Gesprächsatmosphäre als bei einer Problemanalyse. Hoffnung kehrt zurück, und im Kommunikationsprozess unter den Beteiligten stellt sich eine zunehmend vertrauensvolle Atmosphäre ein. Das ermöglicht, dass sich die Menschen immer besser zuhören, wenn neue Ideen artikuliert oder auch Bedenken geäußert werden. Das Verstehen rückt dabei in den Vordergrund und damit das Element, das am besten imstande ist, Konflikte zu lösen – besser als alle Tools zusammen. So entsteht eine neue Kommunikationskultur, die eine Vorwärtsbewegung im Team erzeugt. Man kann darauf vertrauen, dass die Menschen prinzipiell gerne an einer guten Zukunft mitwirken wollen. Es liegt in ihrer Natur, in Lösungsbildern zu denken. Wir Menschen sind eben grundlegend lösungsorientiert angelegt.

Wie man das konkret angehen und realisieren kann, sei im Folgenden an einem idealtypischen Reteaming-Prozessmodell dargestellt.

Vorab ein Hinweis für Führungskräfte: Die meisten Agenden für Meetings stellen reine Problemlisten dar, die damit oft schon im Vorfeld eine bedrückende Atmosphäre unter den Teilnehmenden erzeugen. Auch hier lohnt sich ein Blick auf die Kehrseite des Problems und eine Identifizierung von korrespondierenden Zielen, die sich bei der Lösungsfindung bewähren. So kommt man unweigerlich in den konstruktiven Reteaming-Modus. Die Problemlösung wird viel einfacher und der Zeitaufwand deutlich geringer. Sogar kleine Reteaming-Häppchen leisten oft hervorragende Dienste.

2.2 Contracting

Bevor wir mit dem Reteaming-Prozess starten, bedarf es eines Vorgesprächs zwischen dem Auftraggeber für die Teamentwicklung und dem Reteaming-Coach. Es ist das Schlüsselgespräch für eine Teamentwicklung. Ich nenne es auch Contracting, es hat drei Ziele:

1) ein globales Ziel (Frame) erarbeiten
2) ein angemessenes Setting finden (wer gehört unbedingt eingeladen – nach dem Motto: »So wenig wie möglich, aber kein Wichtiger weniger«)

3) eine adäquate Intervention vereinbaren (Reteaming, Mediation, Open Dialogue, Coaching usw.).

Für dieses oft schwierige und manchmal auch langwierige Gespräch der Auftragsklärung am Beginn lösungsorientierter Beratungsprozesse habe ich eine einfache und klare Struktur (weiter)entwickelt, die dem Coach hilft, zusammen mit dem Kunden effizient und somit auch schnell Ziel- und Lösungsorientierung in komplexen Anfangssituationen zu gewinnen, d. h., einen Arbeitskontrakt zu formulieren und das dazugehörige optimale Setting zu finden. Es ist das Schlüsselgespräch für den Einstieg in die Teamentwicklung. Gelingt dieses anspruchsvolle Gespräch, bietet es die unentbehrliche Basis für einen soliden und konstruktiven Teamentwicklungsprozess.

Coachs werden häufig dann gerufen, wenn Menschen sich mit Problemen konfrontiert sehen, die Unbehagen bereiten oder sogar als Bedrohung erlebt werden. Wenn ein Kunde Probleme fokussiert, kann das zu einer Problemtrance oder einem »stuck state« führen. Die Betroffenen sind gleichsam überwältigt von der Sogkraft des Problems und damit in ihren Handlungsoptionen eingeschränkt. In dieser Phase ist der Blick auf Ziele und Lösungen häufig verstellt. Wie schon angeführt besteht bei einer auch gut gemeinten Analyse des »Problems« die Gefahr, die Situation noch zu verschärfen, da man nicht verhindern kann, dass Beteiligte das Gesicht verlieren, sich angegriffen fühlen oder dass eine allgemeine Suche nach Schuldigen beginnt. Deshalb verzichten wir im lösungsorientierten Ansatz gänzlich darauf. Am Ausgangspunkt für jedes Coaching steht das Ziel (globales Ziel/Frame) des Kunden.

Der Coach hört gut zu, stellt Fragen und

- sorgt für Struktur
- sorgt für Klarheit
- sorgt für Optionen
- trifft keine Entscheidungen für das Klientensystem
- regt zum Denken in Möglichkeiten an
- ist respektvoll und neutral
- sieht und benennt die Stärken und Ressourcen des Klientensystems
- vertraut darauf, dass Lösungen gefunden werden
- steuert den Kommunikationsprozess und
- repariert nichts, was funktioniert.

Folgende Regeln gelten:

- Wertschätzung der betroffenen Personen
- anerkennen, was als Problem wahrgenommen wird
- lösungsorientiert und inhaltlich fragen
- nicht (gleich) nach Lösungen suchen
- Anerkennung für bisherige Bemühungen
- Erarbeiten einer Frage (eines globalen Ziels oder Frames) als Ausgangspunkt und Vereinbarung für einen Arbeitsrahmen (Setting).

Nicht selten schweben am Beginn von »Beratungsbeziehungen« sehr unterschiedliche Erwartungen und Ansprüche im »Beratungsraum«: »Bitte hilf mir! Zeige mir den Weg! Du musst es ja wissen, wie es geht! Du als Expertin wirst es meinem Team schon erklären können.«

Gerade solche Ansprüche bringen Coachs immer wieder in eine Zwickmühle und haben bedeutenden Einfluss auf das Gelingen von Beratungsprozessen. Es gilt, »berechenbare Inseln« (Fritz B. Simon), also einen Frame, zu erschaffen, um die Komplexität angemessen zu reduzieren. Unter einem Frame verstehe ich einen Zielrahmen, ein globales, nicht zu eng gesetztes Ziel oder Motto – je globaler, desto besser. Ein gutes globales Ziel erkennt man daran, dass die Teammitglieder sich eingeladen fühlen. Ich lasse es im Contracting von der Führungskraft formulieren, sie kennt ihr Team und weiß am besten, wovon die Mitarbeiter sich eingeladen fühlen werden.

Idealtypischer Ablauf eines Contractings

In der ersten Phase des Gesprächs hat der Kunde das Wort. Er will sich mit seinem Problem beim Coach verstanden wissen. Dabei vermittelt er oft viel Information. Der Coach hört gut zu und stellt sich auf den Kunden ein – mit dem Fokus: Welche Stärken werden hier bereits sichtbar?

Dann bittet er um Erlaubnis, Fragen stellen zu dürfen. Das ist ein entscheidender Punkt im Gespräch, denn nun übernimmt der Coach die Gesprächsleitung, und das Reteaming beginnt – also tatsächlich schon im Vorgespräch! Und zwar mit den unten angeführten *Schlüsselfragen*. Häufig ist es nützlich, Zusatzfragen zu stellen (sie sind im Folgenden mit Spiegelstrichen eingerückt).

- **»Was möchten Sie entwickeln, was ist Ihr Ziel?«**
  - »Was passiert, wenn alles so bleibt, wie es ist?«
  - »Was ist (für wen) der Vorteil des Status quo?«
  - »Wie könnten Sie/andere das Problem verschlimmern?«
  - »Gibt es Ausnahmen vom problematischen Zustand? Was ist dann anders?«
  - »Wenn Sie Ihr (sehr großes) Ziel in Etappen aufteilen, was wäre ein erstes Teilziel?«
  - »Seit wann besteht das Problem?«
  - »Auf einer Skala von 1–10: Wie hoch ist Ihr Wunsch, diese Situation zu verändern?«
- **»Woran würden Sie erkennen, dass die Teamentwicklung erfolgreich/nützlich ist?«**
  - »Was wäre ein erstes Zeichen, dass Sie wissen, es wird besser?«
  - »An welchen Kriterien würden Sie einen Erfolg der Beratung erkennen?«
- **»Wenn ich als Coach erfolgreich wäre, woran würden Sie das erkennen?«**
  - »Welche Rolle haben Sie mir zugedacht?«
  - »Worin besteht meine Leistung für Sie?«
- **»Welchen Gewinn hätten Sie/andere?«**
  - »Wer hätte welchen Gewinn, wenn das Ziel erreicht würde?«
  - »Wer hätte welchen Gewinn, wenn der Konflikt ungelöst bliebe?«
- **»Was haben Sie bisher zur Lösung versucht?«**

Hinweis: Meistens wird in problematischen Situationen übersehen, dass es gerade hier immer auch Bemühungen und Beiträge des Kunden zur Lösung gibt, dafür gebührt ihm Anerkennung!

- **»Wie könnten wir ein Motto (globales Ziel, Frame) formulieren?«**

Hinweis: Am besten findet der Kunde das Motto selbst, er kennt die Sprache seines Systems und weiß, wovon sich seine Teammitglieder und natürlich er selbst angesprochen fühlen. Das Motto soll drei Elemente enthalten (»wir«, »erfolgreich«, »Zukunft«) und darf jedenfalls nicht einengen oder die Teammitglieder kränken.

Beispiele:

- optimale Kooperation im Team
- gegenseitiges Vertrauen
- effizientes Miteinander
- gemeinsam erfolgreich in die Zukunft.

• **»Wer muss (unbedingt) eingeladen werden, und wie werden Sie Ihre Mitarbeiter informieren?«**
  - »Wer kann etwas zur Lösung beitragen?«
  - »Was ist das kleinstmögliche zu beratende System?«
  - »Wer kann ungestraft weggelassen werden?«
  - »Wer darf keinesfalls fehlen?«
  - »Welchen Zeitrahmen geben wir uns?«
  - »Wer hat Einfluss auf das System (Platz im Organigramm)?«

• **»Habe ich etwas Wichtiges nicht gefragt?«**
  Diese Frage gibt dem Kunden nochmals die Möglichkeit zu ergänzen, aber auch die Verantwortung dafür, dass alles Wichtige gesagt wurde. Ich erlebe, dass diese Frage so gut wie immer wertvolle Information zutage fördert.

• **kleine Pause als Separator**
  Oft ist es nützlich, eine kleine Pause zu beanspruchen. Sie ermöglicht es dem Coach, in diesem meist sehr intensiven Gespräch auch wieder etwas Distanz zu gewinnen. Oft üben ja Probleme auch eine gewisse Faszination auf den Coach aus, dieser darf er allerdings nicht erliegen. Eine Pause ermöglicht meist wieder den Blick auf das Ganze. Auch die Intuition meldet sich zurück, sollte sie in der Hitze des Gefechts ignoriert worden sein.

• **»Was wir sonst noch zu klären haben«**
  - »Wie lange soll es dauern (meist 1 Tag)?«
  - »Wo wird es stattfinden?«
  - »Welche Seminarraum-Ausstattung ist notwendig?«
  - »Wie ist das Honorar geregelt?«
  - »Welche Stornobedingungen gibt es?«
  - usw.

Achten Sie auf Ihr Körpergefühl (Gefühl der Autonomie beim Coach!), der eigene Körper ist der beste Supervisor. Wenn irgendeine Form von Beklemmung beim Coach eintritt, liegt das meistens daran, dass er eine wichtige Frage nicht gestellt hat. Das sollte er unbedingt nachholen.

Wichtig erscheint mir für den Coach am Ende des Contracting-Meetings der Hinweis an die Auftraggeber, dass dieses Gespräch und das globale Ziel den Charakter eines Vorkontraktes haben, der im Sinne der Kontextklärung am Beginn der Beratung unter den Teammitgliedern nochmals zur Diskussion gestellt werden muss (»Passt das globale Ziel?«).

Ziel des Contractings ist es also, einen Arbeitsauftrag (globales Ziel/Frame) und ein adäquates Setting zu vereinbaren (Wer gehört dazu, wenn dieses Ziel erreicht/diese Frage erfolgreich bearbeitet werden soll? Wie viel Zeit wird das beanspruchen?).

Ausschlusskriterien für ein Reteaming

Manchmal zeigt sich bereits im Contracting, dass ein Reteaming kontraindiziert ist. Sie sollten kein Reteaming durchführen: wenn

- kein Vorgespräch im Sinne eines Contractings möglich ist (»Wir wollen Reteaming, brauchen aber gar nicht viel zu besprechen, haben ohnehin schon alles gemacht« usw.)
- die Systemordnung beeinträchtigt oder in Gefahr ist, verloren zu gehen
- es einen aktuellen Konflikt auf Führungsebene gibt, der z. B. nur zwei Personen betrifft
- Auftraggeber Führungsaufgaben an den Berater delegieren
- sich die Führungskraft aus dem Veränderungsprozess heraushält.

2.3 Reteaming-Prozess-Schritte

Vom Problem zum Ziel

Reteaming geht also von der Annahme aus, dass in allen artikulierten Problemen, Beschwerden oder Klagen Ziele enthalten sind – Ziele als Kehrseite von Problemen. Im ersten Schritt geht es also darum, wahrgenommene Probleme in korrespondierende Ziele zu verwandeln (s. Tab. 2, S. 38).

Beispiele:

Problem	korrespondierendes Ziel
unterschiedliche Informationsstände	optimaler Informationsfluss
Einzelkämpfertum	abgestimmtes, transparentes Vorgehen
Vereinbarungen werden nicht eingehalten.	Verbindlichkeit klären
Arbeitsüberlastung, Zeitdruck	Arbeit ist bewältigbar
unverständliche Entscheidungen	transparente Entscheidungen
mangelndes Vertrauen untereinander	Wir vertrauen einander.

Tab. 2: Probleme in korrespondierende Ziele verwandeln

Die Teammitglieder erstellen in Kleingruppen eine Problemliste und formen daraus entsprechende (korrespondierende) Ziele. Als wichtige Regel hierbei gilt, dass jedes Teammitglied mit seiner Sichtweise recht hat. Im Plenum werden dann die Ziele präsentiert – Ziele, nicht etwa schon Maßnahmen. Geht man gleich zu den Maßnahmen, was für viele eine Verlockung darstellt, läuft man Gefahr, eine »Maßnahmenschlacht« auszulösen, die meist zu nichts führt. Besteht aber Konsens über das Ziel, so passen die Maßnahmen viel besser dazu, und man vermeidet den Maßnahmenkonflikt. Also erst das Ziel, dann die Maßnahmen!

Abb. 11: Ziele von den Problemen trennen

Bevor die Teammitglieder die Ziele auf einem Flipchart präsentieren, bittet man sie, die Probleme von den Zielen zu trennen, reicht ihnen eine Schere oder ein Cutter-Messer, und sie schneiden die Problemliste ab (s. Abb 11). Der Moderator fragt, ob er diese an sich nehmen darf, faltet sie dann sauber zusammen und bewahrt sie sorgfältig auf – mit dem Hinweis, die Teammitglieder könnten sie nach dem Reteaming-Workshop zurückerhalten, wenn sie sie noch wollten (in meiner mehr als 25-jährigen Praxis wollte noch niemand die Problemliste wieder zurückhaben, obwohl ich sie am Ende immer anbiete).

Alternativ kann man in vielen Fällen zum Einstieg die Szenariotechnik anwenden. Das ist meine bevorzugte Herangehensweise, weil sie sehr neutral ist – insbesondere dann, wenn das Team vor einer Herausforderung steht, wenn es keine besonderen Schwierigkeiten oder Probleme gibt, wenn das Team sich auf eine besondere Veränderung vorbereiten möchte oder sich einfach für die Zukunft weiterhin fit halten will.

Dann setzen wir die Szenariotechnik ein. Sie funktioniert aber auch bei problematischen Teams (s. Kap 2.4).

Ein Ziel auswählen

In diesem wichtigen Schritt geht es darum, unter dem Aspekt, was dem Team nützen könnte, ein Ziel auszuwählen, also zu priorisieren. Dabei ist Konsens anzustreben, also keine Metaplan-Punktverteilung oder gar Abstimmung. Das würde in dieser Phase einige Verlierer erzeugen und wäre kontraproduktiv. Hier ist bei den Moderatoren Geduld und Geschick gefragt. Die Erfahrung zeigt: Alle Teams schaffen schließlich den Konsens auf ein gemeinsames Ziel. Die Konzentration auf ein einziges Ziel erhöht die Erfolgswahrscheinlichkeit und beeinflusst sehr häufig auch andere Ziele günstig.

Beispiele für ein Ziel:

- vertrauensvolle Kommunikation
- optimale Kooperation im Projekt
- mit Zuversicht in die Herausforderung
- effiziente Abstimmung in den Prozessen
- als Team weiterhin erfolgreich
- usw.

Wichtig ist, dass das Ziel nicht zu eng gesteckt, sondern global ist – deshalb nennen wir es auch globales Ziel bzw. Frame. Es soll wie eine Einladung an die Beteiligten wirken, an diesem Prozess teilzunehmen. Hat man das Ziel »SMART«[2] formuliert, schränkt man den Kommu-

2 Das Akronym SMART entspricht den Anfangsbuchstaben der englischsprachigen Begriffe von spezifisch, messbar, erreichbar, realistisch und zeitnah.

nikationsprozess ein, und manche finden sich mit ihrer Sichtweise darin nicht wieder. Außerdem sind SMART-Ziele eine unglückliche Vermischung von Zielen und Maßnahmen – auch das würde sich auf die Kommunikation kontraproduktiv auswirken. Das sind augenscheinlich Kleinigkeiten – aber mit großer Auswirkung.

Viele Teams haben sich im Laufe ihres Teamlebens noch nie auf ein gemeinsames Ziel geeinigt. Trotzdem kann man eine Zielfindung jedem Team zumuten, und das ist an sich schon ein wichtiger Prozess. Ist ein gemeinsamer Frame gefunden, so ist das schon mehr als die »halbe Miete«, und die Beteiligten befinden sich bereits mitten im Reteaming-Prozess.

Nutzen identifizieren

Ein Ziel zu setzen führt nicht notwendigerweise jedem den Gewinn vor Augen, den das Erreichen des Zieles bringen kann. Ein Ziel, dessen Erreichen keine offensichtlichen Vorteile bringt, ist ein »hohles Ziel«. Es motiviert die Teammitglieder nicht. Ein Ziel wird interessant und motiviert nur dann, wenn Menschen erkennen, welche Vorteile sie daraus ziehen können. Das Ziel soll also Gewinne für alle Beteiligten bringen:

- »Welchen Nutzen erwarten Sie: für sich persönlich, für die Organisation, die Kunden, die Eigentümer, die Familien ...?«

Antworten könnten z. B. sein: Belebung durch Herausforderung, Qualität steigt, Kunden sind zufrieden, Innovationskraft gestärkt, mehr Freude an der Arbeit, bessere Gesundheit. Der Coach listet am Flip-Chart alle Beiträge auf.

Dream-Team

Reteaming bedeutet, Träume zu verwirklichen. Um das globale Ziel (Frame) zu einem etwas konkreteren Ziel werden zu lassen, kann folgende Visualisierung einen ersten Schritt dazu anregen:

- »Stellen Sie sich vor, es ist heute in einem Jahr, Sie haben Ihr Ziel längst erreicht, Sie entschließen sich, ein Video zu drehen, welches die Zielerreichung und Fortschritte in Ihrem Alltag zeigt.«

Die Teammitglieder werden gebeten, einzelne Sequenzen für ein »virtuelles« Video zu beschreiben, das das Team zeigt, wenn es das Ziel erreicht hat. Videobeschreibung ist nur ein Weg, wie man eine gemeinsame Vision konstruieren kann, genauso gut sind Interviews wie auch Inszenierungen als kurze Sketches möglich. Die Beiträge werden nicht kommentiert oder bewertet – nur gesammelt.

Erste Überlegungen, was getan werden kann (»solution talk«)

Die Teammitglieder entwerfen in Vierergruppen erste Lösungen und überlegen konkret, welche Handlungsschritte, neuen Regeln, Regeländerungen, kleineren strukturellen Adaptionen, Klärungen usw. für das Erreichen dieser Ziele nützlich sein können. Alles wird auf dem Flipchart gesammelt, anschließend werden diese Ergebnisse im Plenum präsentiert. Verständnisfragen dazu sind erwünscht, nicht jedoch Diskussionen oder Bewertungen darüber.

Aktionsplan/Maßnahmenplan

- »Welche konkreten Schritte der Veränderung können Sie jetzt planen? Wer macht was bis wann?«

– so heißt die Devise für den Aktionsplan. Es geht darum, aus den »ersten Überlegungen« die Schritte für den Lösungszustand so genau wie möglich auszuformulieren und mit Zuständigkeit und Termin zu versehen. Darüber hinaus geht es um die Koordination von Handlungsschritten in Richtung auf das gesetzte Ziel, ggf. um neue Regeln, um Regeländerungen, eventuell um Klarstellungen. Es entsteht ein verbindlicher Maßnahmenplan. Und damit der nicht mit dem Abflauen der Euphorie irgendwann in der Schublade verschwindet, gibt es beim Reteaming noch eine Ressourcenphase. Sie soll Energie für die tatsächliche Umsetzung des Aktionsplans generieren.

Die Schritte zum Lösungszustand:

- die »Möglichkeitswaage«
- positive Feedbackrunde (Inventur der Teamressourcen)
- externe Ressourcen
- frühere Erfolge
- jüngste positive Entwicklung
- Partnerspaziergang
- Feedbackrunde
- Big Point
- Reflexion

Die »Möglichkeitswaage«

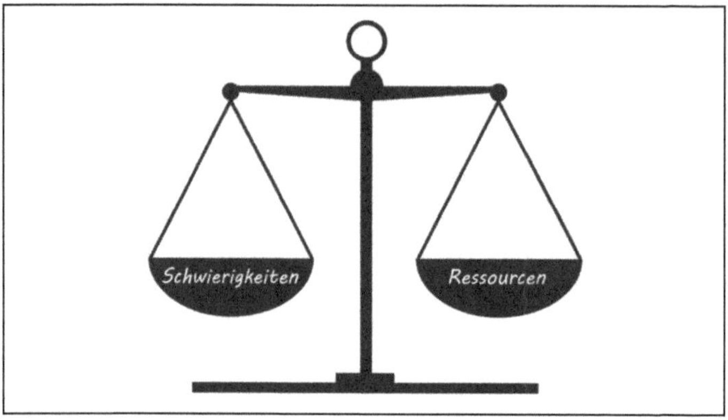

Abb. 12: Möglichkeitswaage

Es gibt oft Teammitglieder, die daran zweifeln, dass das Ziel erreichbar ist. Das ist an dieser Stelle normal und sollte nicht als Problem angesehen werden. Skepsis ist ein natürliches Element jedes Veränderungsprozesses. Anstatt einen Zweifel dadurch zu bekämpfen, dass man ihn Widerstand nennt, ist es empfehlenswert, ihn zu akzeptieren und ihm den nötigen Raum zu lassen. Indem man dem Team einige Zeit gibt, über Widrigkeiten und Hindernisse zu sprechen, zollt man den Skeptikern Anerkennung. Gibt es Bedenken hinsichtlich der Umsetzung? Das ist die Stunde der »Omegas« (vgl. den Abschnitt »Rangdynamisches Positionsmodell«, S. 84 f.). Das heißt: Kritiker sollen

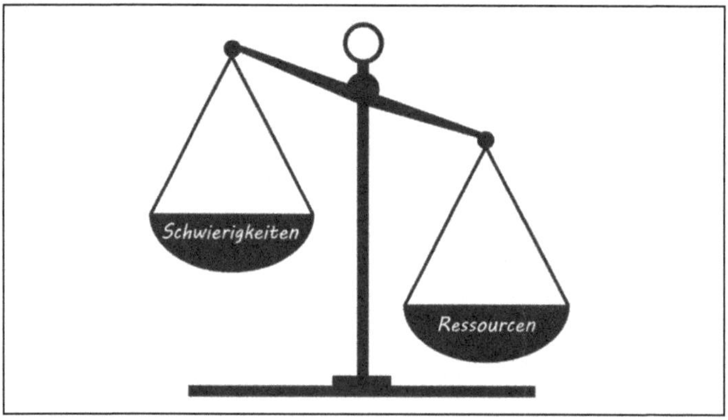

Abb. 13: Ausreichende Ressourcen

sogar ermutigt werden, ihrer Skepsis Ausdruck zu verleihen. Diese Kommentare und die unmittelbare Auseinandersetzung damit sind wichtig für den Erfolg des gesamten Veränderungsprojektes. Dabei geht es darum, die erwarteten Schwierigkeiten gegen vorhandene oder noch zu entwickelnde Ressourcen abzuwägen (s. Abb. 12). Der Fokus richtet sich nun auf die Ressourcen, wie im folgenden Abschnitt dargestellt (s. Abb. 13).

Positive Feedbackrunde (Inventur der Teamressourcen)

Diese Aufgabe ist ein wertvoller Aspekt von Reteaming, den die Teammitglieder in der Regel hoch schätzen. Jede Person bekommt von den jeweils anderen reihum positives Feedback, welche Ressource sie in den Augen der Teammitglieder in Bezug auf das Teamziel darstellt. Damit diese Rückmeldungen nicht allzu überoptimistisch geraten, empfiehlt sich folgende Formulierung:

- »Ich schätze an dir ... (Fähigkeit, Ressource) ... und das ermöglicht mir ... (Optionen) ...«

Eine dritte Person kann das gegebene Feedback jeweils mitschreiben und anschließend an das betreffende Teammitglied übergeben.

Interessant ist es dabei zu beobachten, dass es offensichtlich in der europäischen Kultur nicht selbstverständlich ist, das Gute am anderen zu benennen und zu sagen, wie es auf den Feedbackgeber zurückwirkt. Hier wird ein wertvolles Lösungspotenzial sträflich vernachlässigt. Man hört hier eher »Wenn ich nichts sage, ist das ein Lob« oder »Nicht geschimpft ist genug gelobt«.

Achten Sie auf das Zeitbudget – für zwölf Teilnehmende sollten Sie mindestens eine Stunde ansetzen. Es empfiehlt sich auch eine Reihenfolge, bei der die Führungskraft als Letzte ihr Feedback empfängt.

Externe Ressourcen

In Kleingruppen erörtern die Teammitglieder, inwiefern sie externe Ressourcen nutzbar machen können. Sie werden gebeten, eine Mindmap anzufertigen, aus der hervorgeht, welche Menschen, Institutionen usw. zur Zielerreichung beitragen können – z. B. Kollegen, Freunde, Experten, Vorgesetzte, Ehepartner, aber auch anderes wie Kurse, Bücher oder das Internet. Alles, was dem Team helfen kann, sein Ziel zu erreichen, gilt als Ressource.

Frühere Erfolge

Jedes Team hat Erfolge, hier kann der Coach vergangene Erfolgsstrategien sichtbar machen.

- »Wie kam es dazu, dass Sie ...? Und was hat wer von Ihnen wie dazu beigetragen?«

Nun taucht das verpönte Fragewort »Warum?« wieder auf. Aber hier ist es anders als bei einer Problem- oder Fehlersuche auch angebracht. Denn jetzt bekommt man als Antwort eine Erfolgsstrategie. Die Beteiligten erzählen detailliert, warum etwas ein Erfolg war, und legen dabei ihre Fähigkeiten offen. Lösungen werden ja mit den Fähigkeiten der Menschen kreiert.

Lösungsorientierung ist ein oft irreführender Begriff: Es geht zunächst nicht um die Lösung von Problemen, sondern vielmehr darum, die Ressourcen sichtbar zu machen, welche die Wahrscheinlichkeit erhöhen, dass man das Ziel erreicht.

Jüngste positive Entwicklung

Hier geht es darum zu sammeln, welche Fortschritte die Teammitglieder schon in der Zeit vor dem Reteaming-Workshop bemerkt haben. Oft hört man: »Es ist tatsächlich schon ein Fortschritt, dass wir heute überhaupt hier sitzen, dass wir uns auf einen Moderator geeinigt haben, dass wir Themen unter dem Teppich hervorgeholt haben, dass wir in schwierigen Zeiten zusammengehalten haben, dass wir zum Überleben des Teams beigetragen haben, ohne dass die Hierarchie es bemerkt hat.« Die Beobachtung, dass ein Team seine Reise zum Ziel schon begonnen hat, bevor das Ziel formuliert war, ist ein interessantes und motivierendes Phänomen. Wenn Teams nach Zeichen für den jüngsten Fortschritt Ausschau halten, bemerken sie gewöhnlich alle möglichen Veränderungen, die in Richtung Fortschritt weisen. Man kann darauf vertrauen, dass selbst in aussichtslos erscheinenden Situationen ein Bündel von Lösungsmöglichkeiten enthalten ist, das darauf wartet, entdeckt und beansprucht zu werden.

Partnerspaziergang

Die Teilnehmenden werden gebeten, darüber nachzudenken, welchen individuellen Beitrag sie über den Maßnahmenplan hinaus in den nächsten Wochen zur Zielerreichung erbringen möchten. Auf einem

Spaziergang teilen sie dieses Vorhaben einem Partner mit und sprechen dann öffentlich nicht mehr darüber. Das bleibt wie ein kleines Geheimnis.

Feedbackrunde

Am Ende des Reteaming-Workshops fragt der Coach »War es nützlich?« und lädt damit zu einer abschließenden Feedbackrunde ein. Hier endet der Auftrag des Coachs, und er verlässt das Team. Allerdings beginnt nun der Reteaming-Umsetzungsprozess, und hier spielt die Teamleitung eine Schlüsselrolle. Vielen Führungskräften ist das nicht bewusst. Hier erscheint ein Hinweis auf das Führen mit Neuer Autorität angebracht. Damit hat man eine hohe Gewähr, dass der konstruktive Prozess gut weitergeht.

Big Point

Jetzt kommt die Zeit des Teamleaders. Mit dem Reteaming-Workshop wird ein neuer Interaktionsprozess angestoßen, und es hängt wie gesagt maßgeblich von der Führungskraft ab, ob dieser lösungsorientierte Spirit im Team weiterentwickelt, gepflegt und auch kulturell verankert wird. Es mag vielleicht paradox klingen, aber das Ende des Reteaming-Workshops bedeutet erst den Anfang eines neuen Prozesses und damit eine besondere Chance für einen neuen kommunikativen Umgang miteinander – die Schlüsselrolle hat dazu die Teamleitung inne. Geht ein Teamleader nach dem Workshop schnell wieder zum »alten« Tagesgeschäft über, droht der initiierte Prozess schnell zu versanden. Was kann also getan werden?

Reflexion

Nach etwa vier Wochen sollte durch die Teamleitung eine Reflexion erfolgen. Etwa so:

- Was ist besser geworden? Wer hat welche Fortschritte bewirkt? Wem gebührt Anerkennung? Was müssen wir in diesem Prozess besonders beachten? Was könnte ein nächstes Ziel sein?

Zur Aufgabe von Führungskräften zähle ich in dieser bedeutenden Phase, danach das Energielevel, das durch diesen Prozess ausgelöst wird, durch lösungsorientierte Kommunikation hochzuhalten – also: sich darauf zu besinnen, dass in jedem Problem ein korrespondierendes Ziel steckt, dass man wegen der Gefahr der Kränkung auf eine Analyse und insbesondere auf die Frage »Warum?« verzichten kann und die Perspektive auf eine gute Zukunft richten sollte: Man sollte

- erst die Ziele gemeinsam finden, dann die Maßnahmen vereinbaren
- Rückschläge als hilfreiche Information dafür beachten, wie »es« nicht geht, und
- den Fokus auf das Gute richten – dabei positives Feedback als Ressourcenquelle nutzen.

Die Regel lautet: Das, worauf wir fokussieren, wird in unserer Wahrnehmung stärker. Es ist also unsere Entscheidung: Fokussieren wir mehr auf Defizite und wird die Kommunikation von Kritik beherrscht, fokussieren wir mehr auf Stärken und Fortschritte, dann wird die Aufmerksamkeit auf neueste positive Entwicklungen und zielfördernde Beiträge gelenkt. Es entsteht eine lösungsorientierte Entwicklungsdynamik. Eine Betonung des Dialoges – also transparente Kommunikation, gutes Zuhören und produktive Fragen – wird in dieser Phase besonders hilfreich sein (s. Kap. 3).

2.4 Reteaming und Szenariotechnik

Reteaming lässt sich sehr gut mit der Szenariotechnik verknüpfen. Diese ist ein besonders eleganter Zugang, um ein kollektives Zukunftsbild zu entwerfen, und eignet sich sowohl für die Rolle der Führungskraft als auch für Coachs. Mit einem Szenario kann man nichts falsch machen, denn die gemeinsame Konstruktion eines Zukunftsbildes hilft jedem Team.

Am Anfang soll aber auch hier eine Einigung auf ein globales Ziel (einen Frame) erfolgen.

Die Schritte

Stellen Sie folgende Fragen:

1) »Stellen Sie sich vor, es ist heute in einem Jahr, wir (Sie) haben das Ziel optimal erreicht und freuen uns (sich) darüber.
   - Was ist an der internen Situation gleich geblieben?
   - Was hat sich an der internen Situation geändert?

- Was ist extern gleichgeblieben?
- Was hat sich extern geändert?«

In Kleingruppen schreiben die Teammitglieder ihre Einschätzungen auf Moderationskarten (Zeit: 30 min); Sammeln und Clustern der Karten nach den vier Fragefeldern: intern gleich, intern anders, extern gleich, extern anders (Hinweis: besonders geeignet sind Moderationskarten mit Kleberand!).

2) Regen Sie die Teammitglieder dazu an, über Gemeinsamkeiten und Unterschiede im Szenario zu sprechen, aber nicht darüber zu diskutieren.
3) Wenn es Widersprüche in den Einschätzungen gibt (und das wäre ganz normal), werden diese durch Klebepunkte sichtbar gemacht.
4) Jetzt kommt die wichtige Frage ans Team: »Welche Themen, Fragen bzw. Herausforderungen ergeben sich für uns aus diesem Szenario?«
   Coach oder Führungskraft listet alles auf und bittet die Teilnehmenden anschließend zu priorisieren: »Was ist die nützlichste Frage?« (*Anmerkung:* »Frage« ist ein sehr neutrales Wort für Ziel.)
5) Weiter geht es in der Reteaming-Struktur: Ein Ziel auswählen usw.

Fazit: Ein Zukunftsszenario richtet erst den Blick und dann die Energien auf etwas Gemeinsames. Das wird im Alltag spürbar werden (s. Kap. 2.3).

2.5 Individual-Reteaming

Natürlich kann auch eine einzelne Person durch einen Reteaming-Prozess gehen, wir nennen es dann Individual-Reteaming (Furman u. Ahola 2010, S. 18–22). Es eignet sich als Coaching-Struktur für jede und jeden.

Wir alle kennen ambivalente Zustände, in denen sich unsere verschiedenen Persönlichkeitsanteile divergierend zu Wort melden: »Bitte pass auf!«, »Wer nicht wagt, der nicht gewinnt«, »Ich würde mir das noch mal gut überlegen«, »Das passt doch überhaupt nicht zu mir«, »Ein gewisses Risiko kannst du doch wohl eingehen«. Oder jemand will sich und sein Leben neu ausrichten, weil er oder sie

Veränderungsimpulse spürt, aber noch nicht so recht weiß, wohin die Reise gehen soll. Dabei kann das Individual-Reteaming wertvolle Dienste leisten – ebenso für den Fall, dass man sich auf eine besondere Herausforderung vorbereiten oder etwas Neues finden und integrieren will.

Die Vorgehensweise entspricht dem Reteaming-Teamprozess und ist optimal für individuelle Veränderungsprozesse einsetzbar. Das Programm besteht aus zwölf Aufgaben, die von einem Freund, Gesprächspartner oder Coach angeleitet werden können. Man kann den Prozess aber auch allein – also im Selbstcoaching – durchlaufen. Es ist vorteilhaft, zunächst mit einem Spaziergang zu beginnen. Die Fragestellungen sollte man dann aber unbedingt schriftlich beantworten:

Die zwölf Aufgaben:

- Zeitreise
- das Ziel
- Suche nach Verbündeten
- Gewinn
- bisherige Fortschritte
- der Plan
- Schwierigkeiten
- Zuversicht
- Versprechen
- Rückschläge
- Fortschrittstagebuch
- Erfolg feiern

1) *Zeitreise*

Stellen Sie sich vor, es ist heute in einem Jahr (konkretes Datum anführen). Alles in Ihrem privaten, beruflichen und sonstigen Leben hat sich zum Allerbesten (weiter)entwickelt. Sie fühlen sich lebendig und hoffnungsvoll. Schreiben Sie einen Brief an einen Freund und berichten ihm von Ihrem Leben. Dieser Brief enthält nur gute Neuigkeiten ohne Wenn und Aber. Vielleicht müssen Sie den Realisten in sich etwas beruhigen, wir werden seine Stimme erst später brauchen. Schreiben Sie mutig und immer mutiger! Nehmen Sie sich 15 Minuten Zeit dazu. Und: Passen Sie auf, was Sie denken, es könnte wahr werden.

2) *Das Ziel*
Finden Sie ein Ziel, das Ihnen hilft, zu der in Ihrem Brief beschriebenen Zukunft zu gelangen. Was möchten Sie lernen, verbessern, aufgeben (was stattdessen?) oder zu Ende bringen, um die Wahrscheinlichkeit zu erhöhen, dass die von Ihnen geschaffene Vision auch wirklich eintritt.

Ziele sind meist wirksam formuliert, wenn sie ein paar Bedingungen erfüllen, wie

- positiv (enthält keine Negationen)
- in der Gegenwart (als ob schon erreicht)
- aktive Beteiligung (Ziel unterliegt vorwiegend Ihrem Einfluss)
- Größe (zu klein – gehen Sie höher; zu groß – wählen Sie ein Etappenziel aus)

  Beispiele: »Ich bin fit!«, »Ich bin gesund!«, »Ich lebe in bestem Wohlstand!«, »Ich habe viele Kunden.« Also am besten frisch von der Seele weg formulieren. Auch hier gilt: SMARTE Ziele sind nicht geeignet, da sie zu sehr einengen, zu sehr auf Kognition fokussieren und Ziele mit Maßnahmen vermischen.

  Sind Ihnen gleich mehrere Ziele in den Sinn gekommen, schreiben Sie alle auf. Bevor Sie weitermachen, müssen Sie die Ziele priorisieren. Fragen Sie sich: Was ist das nützlichste Ziel? Lassen Sie sich Zeit für diesen wichtigen Schritt, die Intuition lässt sich manchmal etwas bitten.

  Rahmen Sie das gefundene Ziel rot ein – es ist der Wegweiser durch den Prozess.

3) *Suche nach Verbündeten*
Suchen Sie sich geeignete Personen zur Unterstützung bei Ihrem Vorhaben. Es können Vertraute sein, aber auch fremde Menschen – vielleicht solche, die das Ziel schon erreicht haben. Treten Sie mit Ihnen unverzüglich in Kontakt, erzählen Sie von Ihrem Projekt und bitten Sie sie um Unterstützung. Erfolg ist Teamsport, organisieren Sie sich Verbündete für den Weg zum Ziel.

4) *Gewinn*
Finden Sie heraus, wie Ihr Projekt Ihnen und anderen Menschen hilft. Listen Sie alle zu erwartenden Gewinne auf, die Ihr ausgewähltes Ziel mit sich bringen wird. Differenzieren Sie in Gewinne

für Sie persönlich und in Gewinne für andere. Benennen Sie so viele Gewinne wie möglich.

5) *Bisherige Fortschritte*
Sie fangen mit Ihrem Projekt nicht bei null an, sondern haben ziemlich sicher in der jüngsten Vergangenheit bereits Fortschritte gemacht. Das heißt, Sie sind bereits auf dem Weg. Welche Schritte waren das?

6) *Der Plan*
Fassen Sie drei konkrete Schritte für die unmittelbare Zukunft ins Auge (z. B. heute, nächste Woche, in zwei Wochen). Die Schritte sollen besonders zu Beginn klein sein und Ihnen (noch) nicht zu viel abverlangen. Machen Sie keinen zu komplizierten Plan, aber beginnen Sie mit der Reise am besten gleich morgen!

7) *Schwierigkeiten*
Ist das Ziel herausfordernd – und das sollte es natürlich sein –, werden Ihnen auch Schwierigkeiten auf dem Weg dahin begegnen. Schreiben Sie bitte auf, was sich Ihnen in den Weg stellen könnte. Blicken Sie den möglichen Hindernissen ins Auge. Vielleicht gelingt es Ihnen sogar, Hindernisse als Herausforderungen zu formulieren.

8) *Zuversicht*
Was macht Sie zuversichtlich, dass Sie das Ziel trotzdem erreichen können? Auf welche eigenen Stärken, Fähigkeiten oder Ressourcen können Sie vertrauen? Welche Unterstützung erhalten Sie aus Ihrem Umfeld oder können Sie sich organisieren? Was steht Ihnen alles zur Verfügung? Denken Sie an vergangene Erfolge! Warum war das ein Erfolg?

9) *Versprechen*
Geben Sie sich ein Versprechen, den ersten Schritt genau am ... (Datum) zu setzen. So beginnt die Vorwärtsbewegung auf das Ziel. Teilen Sie den ersten Schritt einem Unterstützer mit!

10) *Rückschläge*
Schreiben Sie bitte auf, welche Rückschläge Sie auf dem Weg zum Ziel erwarten. Finden Sie heraus, welche Information Sie aus Ihren Rückschritten gewinnen können (zu schnell vorgegangen,

Ziel aus den Augen verloren, Kommunikation mit Unterstützern vernachlässigt, etwas Wichtiges unberücksichtigt gelassen). Rechnen Sie mit dem plötzlichen Eintreten der Rückschläge und spielen Sie sie schon im Geiste durch. Leiten Sie daraus Strategien ab, die helfen, Rückschläge zu vermeiden oder sie sehr in Grenzen zu halten. Finden Sie also schon vorab einen konstruktiven Umgang damit, denn Rückschläge gehören zum Prozess.

11) *Fortschrittstagebuch*
Notieren Sie es jedes Mal, wenn Sie einen Fortschritt registrieren. Damit dokumentieren Sie diesen Prozess und lenken Ihre Aufmerksamkeit auf das Gelingen. Es kann sein, dass sich die Energie dabei verstärkt.

12) *Erfolg feiern*
Haben Sie Ihr Ziel erreicht, dann können Sie stolz auf Ihren Erfolg sein. Feiern Sie! Blicken Sie zurück auf den Weg, den Sie mit Ihren Unterstützern gegangen sind. Bedanken Sie sich bei ihnen. Freuen Sie sich über all die hilfreichen Menschen. Analysieren Sie für sich, wer oder was den Fortschritt bewirkt hat. Belohnen Sie sich auch selbst dafür!

Bewahren Sie Ihre Unterlagen sorgfältig auf und nehmen Sie sie etwa zwei Monate später wieder zur Hand. Machen Sie eine Erfolgsanalyse. Was sagt der Prozess über Sie aus? Was war das Geheimnis Ihres Erfolgs? Wie haben andere dazu beigetragen? Wie haben Sie andere inspiriert? Wer hat es ermöglicht? Ziehen Sie Ihr persönliches Fazit.

3 Lösungsorientierung im Fokus: Führen mit Neuer Autorität

In zahlreichen Reteaming-Workshops beobachtete ich, dass Teams mit gestandenen Führungskräften einen deutlich besseren lösungsorientierten Teamgeist entwickeln und ihn nachhaltiger sichern als Teams, deren Führungskräfte auf mich schwach bzw. geschwächt wirkten. Unzählige Evaluationen zu Teamentwicklungen bestätigen meinen subjektiven Eindruck. Deshalb bin ich den folgenden Fragen nachgegangen:

- Was macht Führungskräfte stark?
- Was macht Führungskräfte zu gestandenen Führungskräften?
- Haben starke Führungskräfte auch starke Teams?
- Wodurch erlangen sie jeweils ihre Stärke?

Und ich habe die Antwort auf viele Fragen in Haim Omers Konzept der »Neuen Autorität« gefunden.

3.1 Teamleader sind Keyplayer

Durch einen Zufall lernte ich im November 2016 Haim Omer auf einer Tagung zum Thema Neue Autorität in Zürich kennen. Sein Vortrag beglückte mich, denn mir war sofort klar: Ich hatte den Missing Link gefunden. Haim Omer wies auch auf die einschlägigen Beiträge von Arist von Schlippe und Frank Baumann-Habersack zu diesem Thema hin. Im Folgenden habe ich diese Pionierarbeiten unter der Perspektive von Leadership gebündelt und durch meine eigenen in mehr als zwei Jahrzehnten erworbenen Erkenntnisse aus Teamentwicklung und Führungskräfte-Coaching angereichert. Überdies war ich ja auch selbst 16 Jahre Führungskraft in einem mittelständischen Unternehmen, davon sechs Jahre als Geschäftsführer.

So entwickelte ich das Leadership-Konzept der Neuen Autorität, das über einen Führungsstil weit hinausreicht. Dabei geht es nicht um das Antrainieren eines bestimmten Verhaltens, sondern vielmehr darum, dass die führende Person eine besondere innere Haltung entwickelt, es geht ums »Eingemachte«.

Ich habe viele Führungskräfte kennengelernt, die Neue Autorität bereits leben oder auf dem Weg dorthin sind, ohne dieses Konzept explizit zu kennen. Für mich ist es ein gutes Zeichen von Praxistauglichkeit, wenn viele Menschen das schon intuitiv anstreben. Deshalb fängt niemand bei null an: Alle guten Führungskräfte sind bereits gestartet. Das ist unvermeidlich. Sie sind unterschiedlich weit in ihrer Entwicklung. Manche sind in Bewegung, manchen droht allerdings die Stagnation. In diesem Buch zeige ich, wie es gelingen kann, einen individuellen Weg zu Neuer Autorität zu finden. Sie muss nämlich zur jeweiligen Person passen und sie durchdringen. Das führt dann zu dieser besonderen Ausstrahlung und einzigartigen Wirkung. Neue Autorität ist nicht etwas, das man mit einem Zertifikat erwerben kann. Neue Autorität verstehe ich als Lebensaufgabe, als kontinuierlichen Lernprozess: sich den Herausforderungen, den Schwierigkeiten, den Problemen, den Widerständen, dem Unberechenbaren zu stellen – und die sich daraus ergebenden Lernchancen zu erkennen und sie zu nutzen.

Dazu braucht es auch das Management der weichen Faktoren: Vertrauensbildung, die Entwicklung von Kooperation und Teamgeist, die Förderung von Kreativität, die Gestaltung der Kommunikation, Lern- und Veränderungsbereitschaft, Engagement, Verantwortungsbewusstsein und Eigeninitiative.

3.2 Harte Faktoren – weiche Faktoren

Im Studium der Wirtschaftswissenschaften und der Betriebswirtschaft bemüht man sich offensichtlich noch immer redlich, einen echten »Homo oeconomicus« auf den Arbeitsmarkt zu bringen. Es überrascht aber, dass nur ein kleiner Prozentsatz der Abgänger davon den Weg in die berufliche Selbstständigkeit wählt. Die meisten suchen Arbeitgeber, also die Unselbstständigkeit in ihrem wirtschaftlichen Handeln. Wie kommt das?

Universitäten und Fachhochschulen lassen sich in der Vermittlung von harten Faktoren (Zahlen, Daten, Fakten, Ergebnissen, Prozessen) nichts Lückenhaftes nachsagen. Sie betreiben hierin sogar einen außerordentlichen Perfektionismus, wie die Studienpläne zeigen. Harte Wirklichkeiten, wie sie auch genannt werden, lassen sich leicht darstellen, vermitteln und natürlich auch streng abprüfen. Harte Faktoren scheinen unabhängig von den agierenden Personen zu existieren und können mit einem objektiven Blick beschrieben, erklärt und bewertet werden – so die Annahme. Nahezu alle betriebswirtschaftlichen Themen – auch Führung – lassen sich durch diese Brille betrachten. Der Homo oeconomicus lernt explizit, dass Gewinn das höchste Ziel des Wirtschaftens ist, und implizit, im rein rationalen Handeln Vorteil und Nutzenmaximierung zu suchen. Dabei erscheinen ihm Menschen als Produktionsfaktor unvermeidlich, jedoch manipulierbar, wenn er »es« nur richtig angeht.

Viele Studienabgänger spüren ein Defizit, als sei das, was sie gelernt hätten, nur die halbe Wahrheit. Sie ahnen: Da gibt es noch einen weiteren Bereich, mit dem Führungskräfte souverän umgehen sollten: die weichen Faktoren. Führungskräfte kommen in ihrer beruflichen Praxis unweigerlich mit diesem von den meisten Ausbildungen vernachlässigten Bereich der weicheren Wirklichkeiten, den weichen Faktoren, in Berührung, meist sogar in Widerspruch. Das führt vielfach zu Ratlosigkeit. Wie soll man z. B. mit mangelnder Veränderungsbereitschaft umgehen oder wie kann man Vertrauen herstellen? Nicht nur Neulinge, sondern auch sehr erfahrene Führungskräfte berichten im Coaching, dass sie am liebsten etwas im »Zwischenmenschlichen« ändern würden, wenn sie nur wüssten, wie. Sie halten das Arbeitsklima, den Teamgeist und die Kommunikation untereinander für verbesserungswürdig. Viele von ihnen leiden unter Problemen bei der Zusammenarbeit und unter hartnäckigen Konflikten. Es geht ihnen also um das Management von weichen Faktoren.

Da diese weicheren Faktoren über die härteren dominieren, ist das für viele rationale, kopflastige Menschen eine schlechte Nachricht. Dazu kommt noch, dass man weiche Faktoren auch nicht direkt beeinflussen kann, sondern nur indirekt. Sie sind aber das Schmiermittel der Organisationsentwicklung. Niemand kommt daher um die Auseinandersetzung mit weichen Faktoren herum. Wie kann diese Auseinandersetzung aussehen? Und: Woher kommen weiche Faktoren überhaupt?

Weiche Faktoren entspringen der Interaktion, der Gefühlswelt, dem Bauch, der Intuition und nicht dem Intellekt. Sie heben sich über die reine Ratio weit hinaus und manifestieren sich als Vertrauen, Kreativität, Zuversicht, daraus resultierende Resonanz, Teamgeist, Lern- und Veränderungsbereitschaft und vieles mehr. Argumentieren hilft nicht viel bei der Bildung von Teamgeist, übertriebene Kontrolle erzeugt Misstrauen, Sanktionen führen zu Demütigung. Es braucht also einen anderen Weg – den der Neuen Autorität. Damit haben

Führungskräfte gute Chancen, eine Basis und einen Rahmen zu schaffen, in dem sich weiche Faktoren unter den Mitarbeitern positiv entwickeln können. Auch wenn es keine Garantie dafür gibt, so steigt doch die Wahrscheinlichkeit, dass das Ergebnis anregen, beflügeln und inspirieren wird.

3.3 Konzept der Neuen Autorität

Um die Führungsrolle effizient gestalten zu können, braucht es die Autorität der Führenden – eine Neue Autorität. Ohne einen Wandel des Autoritätsverständnisses werden Organisationen im 21. Jahrhundert bestenfalls nur noch bedingt marktfähig sein. Unter den Rahmenbedingungen eines konventionellen, Gehorsam fordernden Systems kann sich kein neues Führungsverständnis entfalten. Die Gesellschaft hat sich aber dramatisch verändert: Autoritäre Führung passt nicht mehr dazu. Die Mitarbeiter verlangen mehr Mitgestaltung, Kooperation auf Augenhöhe, Transparenz und Networking – und deutlich weniger Hierarchie. Dabei geht es nicht um neue schillernde Modebegriffe, sondern um einen echten Wandel, der zuallererst die Führungskräfte auf ihrer ureigenen, individuellen Ebene betrifft. Davon darf man dann eine organisationale und im Besonderen eine kulturelle Wirkung erwarten, die der gesellschaftlichen Entwicklung des gegenwärtigen Jahrhunderts entspricht. Anweisung, Gehorsam und Kontrolle haben in einer modernen Organisation ausgedient. »Und bist du nicht willig, so brauch ich Gewalt«, droht der Tod in Goethes Erlkönig.

Die alte Autorität ist demoliert, aber ganz ohne Autorität geht es auch nicht, wie antiautoritäre Ansätze (keine Grenzen, keine Forderungen, keine Sanktionen) bewiesen haben. Das ist das Dilemma der Generation, die beides erlebt hat: Wir wissen, was wir nicht wollen.

Haim Omer, Arist von Schlippe, Frank Baumann-Habersack und andere bieten ein neues Bild von Autorität an und zeigen Ansatzpunkte, wie man Führungskräfte und Organisationen mit wohltuender Stärke erfrischen, vitalisieren und zukunftsfähig machen kann. Dabei steht im Vordergrund die Entwicklung von Stärke und nicht der Einsatz von Macht oder versuchter Manipulation. Das Organigramm wird dann nicht einer Pyramide entsprechen, sondern einem Hologramm, in dem jeder Punkt an Stärke gewinnt, wenn er andere Punkte im Netzwerk reflektiert. Als Gewinn winken Kooperation, Teamgeist und Resonanz.

3.4 Grundlagen der Neuen Autorität

Aus welchen Quellen schöpft sich die Neue Autorität? Wie können Führungkräfte sie sich zu eigen machen, damit sie wirksam ist? Ist Neue Autorität etwas gänzlich Neues?

Man kann davon ausgehen, dass die meisten Leser Führungskräfte mit hohem Ansehen erlebt haben bzw. selbst solche sind. Man darf auch annehmen, dass viele Führungskräfte intuitiv dazu tendieren, eine positive Autorität zu entwickeln, die zu den Werten unserer Gesellschaft passt. Viele Führungskräfte suchen nach geeigneten Wegen und finden wichtige Ansätze in der eigenen Person. Wie sollen sie dabei am besten vorgehen? Woraus leitet sich Neue Autorität ab?

Ziegler (1970, S. 32) nennt die Quellen und unterscheidet drei Formen personaler Autorität:

1) die personale Autorität im engeren Sinn: Sie beruht auf allgemeinen, in dem sozialen System geschätzten persönlichen Eigenschaften, umschrieben durch Begriffe wie Ansehen, persönliches Vertrauen, persönliche Integrität, Erfahrung, Charakterstärke und Verständnis im Sinne von Einfühlungsvermögen.
2) die funktionale Autorität: Sie beruht auf persönlicher Sachverständigkeit in wirtschaftlichen, technischen oder organisatorischen Fragen.
3) die koordinative Autorität: Sie beruht als Sonderform auf Sachverständigkeit im Bereich der Lenkung und Koordination sozialer Prozesse.

Die genannten persönlichen Eigenschaften wie Ansehen, Empathie, Sachverstand oder Koordination sozialer Prozesse sind wichtige Quellen, reichen aber allein nicht aus, um Autorität zu erzeugen. Nach Baumann-Habersack (2015, S. 39) entsteht Neue Autorität nie aus sich heraus, sondern immer in einer Beziehungsdynamik in einem bestimmten Kontext:

> »Autoritäten wirken souverän, aber nicht jeder, der souverän wirkt, ist auch eine Autorität.«

Autorität ist Arbeit – Beziehungsarbeit. Beziehung bedeutet aber nicht Unterordnung und Dominanz oder Durchsetzung mit aller Macht, sondern vertrauensvolle Begegnung auf Augenhöhe und konstruktiver Austausch, der sich für beide Seiten lohnt.

Wir brauchen ein neues Bild von Autorität. Aus welchen Bausteinen setzt sie sich zusammen? Wodurch erlangen Führungskräfte Stärke?

3.5 Die Elemente der Neuen Autorität

Bei den folgenden Elementen der Neuen Autorität geht es hauptsächlich um die Verinnerlichung von Haltungen, nicht so sehr darum, Techniken zu erlernen. Das reine Antrainieren von Verhaltensweisen oder Methoden greift zu kurz. Es muss die gesamte Person der Führungskraft von diesen Elementen durchdrungen werden, damit es zu einem Entwicklungsprozess in Richtung Neue Autorität kommen kann. Auch wenn niemand ein Erfolgsversprechen für die Lösung aller Führungsprobleme geben kann, so schafft dieser Prozess doch eine solide Grundlage, auf der sich bisher ungekannte Potenziale der Mitarbeitenden entfalten können.

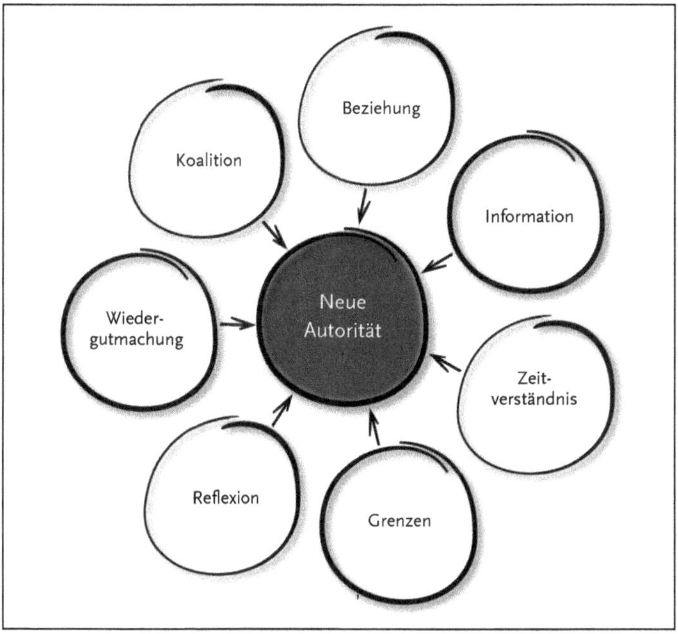

Abb. 14: Elemente der Neuen Autorität

Bei den nachstehend aufgeführten Elementen (s. Abb. 14) berufe ich mich im Wesentlichen auf eine von Frank Baumann-Habersack erweiterte und von mir ergänzte Auflistung von Gegensatzpaaren, die ursprünglich Omer und von Schlippe (nach Baumann-Habersack 2015, S. 93) erstellt haben, um die Merkmale Neuer Autorität zu beschreiben.

Präsenz vs. Distanz (Beziehung)

Viele Führungskräfte sorgen tendenziell für Distanz zu ihren Mitarbeitern. Das schwächt sie in ihrer Autorität. Sie arbeiten isoliert, selbst bei der gut gemeinten »open door policy«, die zwar Kontaktbereitschaft durch eine offene Bürotür signalisiert, aber eben oft nur Kommunikation zwischen Tür und Angel bedeutet.

Auch zu Kollegen auf der gleichen hierarchischen Stufe halten sie Abstand, sie erleben sich in Konkurrenz zu ihnen. Fakt ist nach Baumann-Habersack (ebd., S. 96): Autorität und der damit verbundene Respekt entwickeln sich aus Nähe, Interesse und Fürsorge. Wenn beziehungsgestaltende Führungshandlungen berechenbar, erkennbar und nachvollziehbar werden, dann entwickelt sich für die Mitarbeiter auf der Beziehungsebene ein Gefühl der Sicherheit. Haim Omer würde den Begriff Neue Autorität auch »Leader's Presence« nennen (pers. Gespräch, 18.11.2016, Zürich). Er sieht die Präsenz als wichtigste Quelle der Autorität an: »Ich bin da und bleibe da, bis eine gute Lösung gefunden ist.« – »Wir sind in Beziehung.« Er meint dabei eine äußere und innere Präsenz. Diese Haltung verleihe Führungskräften Bedeutung und Gewicht und sei wichtiger als die Lösung selbst. Dabei gehe es nicht um Überwachung, sondern um Kommunikation. Neue Autorität begrenze nicht, sondern öffne einen Raum von Möglichkeiten.

Um welche Präsenz geht es? Präsenz ist kein Zustand, sondern ein stetiger Prozess der Auseinandersetzung mit dem gesamten System, dem inneren Erleben und der konkreten Kommunikation mit dem Gegenüber (ebd., S. 95). Präsenz bezieht sich also auf die unmittelbare Beobachtung und Beschreibung des Systems, auf die Interaktion mit den Beteiligten und auf die Wahrnehmung, welche Auswirkungen das auf das innere Erleben der Führungskraft hat.

Präsenz bedeutet in erster Linie die Gestaltung einer angemessenen Beziehung der Führungskraft zu den Teammitgliedern. Dazu ist Nähe eine Grundvoraussetzung – Nähe zulassen und Nähe aushalten, beides also. Beziehung entwickelt sich über den Austausch von Geben und Nehmen, es braucht dazu einen gewissen Umsatz und immer wieder den Ausgleich. Wenn jemand immer nur nimmt (fordert) oder auch immer nur gibt, drohen Schieflage, Konflikt oder das Ende der

Beziehung. Ist aber der Ausgleich auf längere Sicht gegeben und werden die Regeln eingehalten, so wird sich Vertrauen bilden. Die Beziehung wird tragfähig, Kontrolle und Überwachung werden nachrangig. Transparente Kommunikation ist eine unumgängliche Voraussetzung für die Bildung von Vertrauen, viele Vieraugengespräche hingegen kontraproduktiv. In vielen Unternehmen finden wir Matrixorganisationen (Fachvorgesetzte und disziplinarische Vorgesetzte). Hier sind Führungskräfte besonders gefordert, Nähe durch kommunikativen Austausch herzustellen und damit Vertrauen zu entwickeln. Ähnlich verhält es sich mit der in letzter Zeit dramatisch anwachsenden Führungsspanne (die Anzahl der Mitarbeitenden je Führungskraft nimmt von 12 auf 60 und mehr zu) und das Führen mehrerer Teams durch eine einzige Führungskraft, noch dazu an verschiedenen geografischen Standorten. Hier würde sich eine längerfristige Erfassung der Wirtschaftlichkeitsdaten lohnen, um solche Entscheidungen zu evaluieren.

Fazit: Die innere und äußere Nähe von Führungskräften eröffnet sichere Räume mit neuen Möglichkeiten, Distanziertheit schließt sie.

Transparenz vs. Abschottung (Information)

Beziehung ist ein kontinuierlicher Prozess, der durch Transparenz zu gegenseitigem Vertrauen führt. Das setzt ein gewisses Maß an Offenheit und Gleichzeitigkeit im Umgang mit Informationen voraus. Wenn sich alle Beteiligten am Besprechungstisch mit relevanten Informationen gleichzeitig auseinandersetzen können, entsteht ein Resonanzraum, der tragfähige Lösungen im Team ermöglicht. Gibt es hingegen nur Vieraugengespräche, wird Mauschelei unterstellt. Einsame Entscheidungen – in der stillen Kammer der Führungskraft getroffen – lösen Irritationen aus. Beides trübt die Beziehung wegen des dabei aufkommenden Misstrauens. Abschottung führt außerdem leicht zur Errichtung von Tabuzonen. Wichtige Themen können dann nicht mehr angesprochen werden oder nur mehr unter hohem Risiko. Organisationen entwickeln sich aber hauptsächlich über Kommunikationsprozesse, und deren Transparenz bringt ihr Potenzial zur Entfaltung. Eine gemeinsam erarbeitete Perspektive bündelt die Kräfte für die Zielerreichung. Es geht darum, Bedeutungen auszuhandeln und sich auf konkrete Wege zu einigen, die in eine gute Zukunft führen. Die daraus resultierenden Erfolgserlebnisse – gerade in schwierigen Zeiten – führen zu Stärke.

> **Fazit:** Durch transparente Kommunikation schaffen Führungskräfte synchrone Informationsstände bei den Beteiligten als Basis dafür, vertrauensvolle Beziehungen zu bilden und sie zu pflegen.

Beharrlichkeit vs. Dringlichkeit (Zeitverständnis)

Über den konstruktiven Umgang mit Zeit bekommen Führungskräfte von den Mitarbeitern Autorität zugesprochen. Sie werden von ihnen geschätzt, wenn sie Zeit haben, und sind wegen ihres besonderen Zeitverständnisses als Leader autorisiert. Keine Zeit zu haben bedeutet ein Defizit bei der Selbstführung von Führungskräften. Ungeduld und alles gleich erledigen zu wollen (Stichwort *clean desk*) bindet diese knappe, aber wertvolle Ressource. Das führt zu druckvollen, nervigen und zugleich frustrierenden Tagesabläufen. Traditionelle Autorität basiert auf dem Grundsatz von Unmittelbarkeit und fordert sofortige Reaktionen. Dieses Aktions-Reaktions-Muster engt die Spielräume der Mitarbeiter ein bzw. nimmt sie ihnen ganz. Ungeduld löst Stress aus. Kurzfristige Betrachtungshorizonte verführen zu einer ungesunden Beschleunigungstrance: alles möglichst heute, als gäbe es kein Morgen. Verzögerung wird hier als Schwäche interpretiert. Diese Beschleunigung führt in eine Ich-und-jetzt-Hypnose, aus der man kaum mehr aussteigen kann, oft nicht einmal im Urlaub – geschweige denn am freien Wochenende.

Neue Autorität basiert auf einem anderen Zeitverständnis. Der Aufmerksamkeitsfokus gilt dabei längeren Zeiträumen, sodass Tiefe entstehen kann. Man hechelt nicht jedem beliebigen Thema sofort hinterher. Verbindliche Prioritäten werden definiert, der strategische Rahmen bildet die Basis. Gefragt ist Geduld gepaart mit Beharrlichkeit. Bei einem solchen Verständnis muss man den Mitarbeiter auch nicht besiegen. Dominanzverhalten führt fast immer in einen Machtkampf, bei dem es Sieger und Verlierer gibt. Das beeinträchtigt die Beziehungsebene und schwächt Führungskräfte. Es genügt, beharrlich zu sein, ganz besonders in Veränderungsprozessen. Beharrliche Zielorientierung schafft Kontinuität und stabilisiert die Beziehung zwischen Führungskräften und ihren Mitarbeitern (Omer 2014). Führungskräfte bekommen Gewicht und Stärke. Beides können sie gerade in turbulenten Zeiten als Rückenstärkung an die Mitarbeiter weitergeben.

> **Fazit:** Es geht nicht um Beschleunigung und auch nicht um reine Entschleunigung, sondern um ein neues Zeitverständnis, in dem die

konsequente Priorisierung der Ziele und Beharrlichkeit bei deren Erreichung eine große Rolle spielen. Das Wahren bestimmter Grenzen schafft einen klaren Rahmen dafür.

Entschiedenheit vs. Dominanz (Grenzen)

Achtsame Entschiedenheit verstehe ich als besonderen Akzent von Präsenz. Sie bedeutet, Grenzen zu setzen bzw. konsequent auf die Einhaltung von Grenzen und Regeln zu achten (»Ich kann und werde das nicht akzeptieren«) und dabei klar Stellung zu beziehen, aber auch eine gemeinsame Suche nach geeigneten Lösungen zu signalisieren – und das innerhalb eines angemessenen Zeitraumes. Wenn Führungskräfte Kritik üben müssen, verzichten sie darauf, sich auf ihre Positionsmacht zu berufen und Dominanz zu zeigen, sondern vertrauen auf ihre Achtsamkeit. Sie ermöglichen dadurch sichere strukturelle Räume und klare Verhältnisse und wahren einen Rahmen, in dem sich ein konstruktives Miteinander und ein hohes Maß an Autonomie entfalten können.

> »Statt in einen Machtkampf einzusteigen, unterstreichen Führungskräfte also lediglich, dass ein bestimmtes Verhalten nicht toleriert wird. So markieren sie beharrlich und unbeirrt die gemeinsam definierten Grenzen« (Baumann-Habersack 2015, S. 108).

Sie leisten bei Bedarf gewaltfreien Widerstand und verzichten dabei auf Sanktionen. Wenn niemand sein Gesicht verliert und es zu keiner Kränkung kommt, bewahren die Beteiligten ihre Stärke. Trotz Nähe und Präsenz gehen solche Führungskräfte keine behindernden Loyalitäten ein. Entschiedenheit bedeutet Handeln, das innerer Ordnung und Klarheit entspringt.

Fazit: Stärke ist nicht mehr gleichzusetzen mit Macht – nicht mehr Mittel, um zu kontrollieren und zu sanktionieren –, sondern bedeutet Wahrung der eigenen Präsenz, unabhängig vom Verhalten des Gegenübers (Omer u. von Schlippe 2009, S. 249).

Selbstführung vs. Kontrolle (Reflexion)

Führungskräfte müssen sich vor allem selbst führen. Selbstführung braucht nach Baumann-Habersack (2015, S. 100) ein hohes Maß an Impulskontrolle, an Selbstbeherrschung und Reflexion. Führungskräfte hinterfragen ihr Führungsverhalten und gewinnen dadurch Freiheit.

Sie können aus dem Hin und Her zwischen Anordnen, Kontrollieren und Sanktionieren heraustreten. Das ermöglicht es ihnen, Prozesse anzustoßen, Notwendigkeiten aufzuzeigen und darauf zu beharren, dass Leistungen erbracht werden.

Kontrolle über Mitarbeiter zu erreichen ist nach Haim Omer eine Illusion. Gedanken sind frei, Gefühle sind nicht zu kontrollieren, letztlich nicht einmal Handlungen. Durch Selbstführung gewinnen Führungskräfte Respekt. »Ich bin verlässlich« und »Ich mache es wirklich« sind die dazugehörigen impliziten Botschaften. Selbstbeherrschung ermöglicht Kooperation, wenn sie mit Autonomie verbunden ist und nicht mit Gehorsam: »Wir machen, was wir sagen« statt »Du machst, was ich will!«. Pflichtbewusstsein bildet Autorität. Sie wird nicht der hierarchischen Position zugesprochen, sondern der Kompetenz, Probleme in sozialen Kontexten (Teams, Abteilungen, Organisation) zu lösen und ehrlich zu sein.

Es ist auch ein Unterschied, ob das Verhalten einer Führungskraft von innerer Überzeugung geprägt ist oder ob die Führungskräfte äußeren Zwängen unterliegen. Wenn das Verhalten nicht im Einklang mit der inneren Stimme (Gewissen, Überzeugungen, Wertordnung) steht, schwächt das die Autorität. Mitarbeiter nehmen diesen Mangel an Authentizität bei ihren Führungskräften als Inkongruenz wahr: Innen- und Außenwelt stimmen nicht überein. Das zeigt sich in Irritation, Bedrückung, Unwohlsein und gibt Mitarbeitern das Gefühl, dass ihre Führungskraft zu wenig präsent ist. In den Kulturen der alten Autorität gilt es als Schwäche, wenn sich Führungskräfte bei Bedarf einen Coach oder Kollegen als Reflexionspartner bzw. Moderator organisieren. In der Kultur der Neuen Autorität gehört es zur Professionalität dazu, Problemstellungen und Herausforderungen mit professionellen Kommunikationspartnern zu erörtern und menschenfreundliche Lösungen zu finden. Denn echte Autorität wird nur selbstbestimmten, lösungsorientiert handelnden und als präsent erlebten Menschen zugesprochen.

> **Fazit:** Selbstführung bedeutet als Lebensaufgabe für Führungskräfte, ihre innere Ordnung herzustellen, aufrechtzuerhalten bzw. sie wiederzufinden. Sie ist erreichbar über Reflexion und das Streben nach Authentizität. Dabei können die Vertreter der Neuen Autorität weitgehend auf Kontrolle und auf Gehorsam ganz verzichten.

Deeskalation vs. Eskalation (Wiedergutmachung)

Kritisierendes Feedback kann man als Lernchance wahrnehmen oder als Kränkung. Im Umgang mit Konflikten können wir neue Räume öffnen oder aber Beziehungen zerstören. Führungskräften kommt dabei eine Schlüsselposition zu. Sie entscheiden durch ihr Verhalten mit, ob ein Konflikt ausgelöst, aufrechterhalten oder gelöst werden kann. Sie ermuntern die Konfliktparteien, das Gespräch zur Lösung wiederaufzunehmen, machen auf Co-Verantwortung aufmerksam oder intervenieren selbst. Um einer Eskalation vorzubeugen, benötigen sie einerseits ein Instrumentarium zur Konfliktlösung und andererseits professionelle Reflektiertheit, damit sie den eigenen Anteil am Konflikt erkennen. Ab einem bestimmten Eskalationsgrad bedienen sie sich professioneller Hilfe.

Eine gelungene Konfliktregulierung erkennt man daran, dass sie nicht Sieger und Besiegte schafft, sondern eine ausgehandelte neue Vernünftigkeit hervorbringt. Diese ermöglicht den Konfliktparteien die Fortsetzung ihrer Arbeitsbeziehung. Den Kernpunkt einer solchen Intervention bildet das gegenseitige Verstehen im Rahmen einer lösungsorientierten Kommunikation ohne Schuldzuweisung. Ungelöste Konflikte binden viel Energie und beeinträchtigen dadurch die Performance und Qualität der Arbeit. Deshalb müssen Führungskräfte wachsam sein und die Lösung des Konfliktes angehen – entweder selbst oder durch einen geeigneten Coach bzw. Mediator. Regelmäßige Team-Klausuren unter externer Moderation helfen, Konflikten vorzubeugen oder sie schon im Ansatz zu lösen. Mediation wirkt bei akuten wie chronischen Konflikten. In beiden Fällen ist die Präsenz der Führungskraft entscheidend. Verzeihen und Wiedergutmachen führen zur Reintegration, wenn jemand Schaden angerichtet hat.

> **Fazit:** Führungskräfte mit Neuer Autorität kennzeichnet eine besondere Wachsamkeit in Bezug auf Konfliktentstehung und fundierte Kompetenz bei der Konfliktlösung. Sie achten auf rechtzeitige Intervention und konsequente Wiedergutmachung, damit Integration erfolgen kann.

Vernetzung vs. Hierarchie (Koalition)

Man kann davon ausgehen, dass eine Organisation ohne ein Minimum an Hierarchie nicht funktioniert. Teams brauchen jedenfalls

Leitung, also jemanden, der Entscheidungen trifft. Es ist eine deutliche Tendenz zu flacheren Hierarchien erkennbar, allerdings meist auf Kosten einer optimalen Führungsspanne (zwölf Mitarbeitende). Eine zu große Führungsspanne (z. B. 60 Mitarbeitende) wirkt aber wie ein Notprogramm und schwächt die Führungskräfte. Die Neue Autorität kann sich dabei nicht oder nur bedingt entfalten – und ebenso wenig, wenn Führungskräfte untereinander nicht kooperieren. Nach Baumann-Habersack (2015, S. 102) stehen Führungskräfte häufig in Konkurrenz zueinander und arbeiten aus taktischen Gründen sogar gegeneinander. Die Vertreter einer autoritären Führung lassen somit eine wichtige Ressource ungenutzt: den Schulterschluss mit anderen Führungskräften.

Von kooperierenden Führungskräften geht eine besondere Stärkung aus. Sie setzen einen soliden abteilungs- oder sogar organisationsübergreifenden Rahmen, lassen sich daher nicht so leicht auseinanderdividieren und schaffen damit Sicherheit und ein Gefühl von Rückendeckung. Solidarität unter Führungskräften auf der gleichen hierarchischen Ebene ist noch nicht weit verbreitet, aber in einzelnen Ansätzen schon sehr positiv spürbar.

Für Linienvorgesetzte gilt im Sinne der Neuen Autorität das Gleiche. Sie müssen den ihnen unterstellten Führungskräften den Rücken stärken. Tun sie das nicht, wirkt sich dies sofort als Schwächung aus. Durch das Gefühl, im Stich gelassen oder sogar hintergangen zu werden, entstehen vielfältige Konflikte, die wegen des drohenden Gesichtsverlustes schwer lösbar sind. Die Rückenstärkung muss – gleichsam der Schwerkraft folgend – von oben nach unten kaskadenförmig konsequent durchgezogen werden. Dadurch erlangen Führungskräfte Ansehen und Würde, die Mitarbeiter wiederum Sicherheit und Stärke. Im Rahmen der Neuen Autorität besteht die Chance, dass sich Hochleistungsteams entwickeln, weil die Energien in einer gemeinsamen Vorwärtsbewegung gebündelt werden. Dabei darf man eine positive Befeuerung der weichen Faktoren wie Vertrauen, Zuversicht, Kreativität, Teamgeist, Veränderungsbereitschaft und Lernwille usw. erwarten.

Fazit: Zu Kooperation gibt es keine Alternative.

3.6 Exkurs: Die klassischen Grundtugenden als universelle Charaktereigenschaften

Elemente	alter Autorität	und Neuer Autorität
höchster Wert	Gehorsam	Kooperation
Beziehung	Distanz	Nähe
Information	Bedeckthalten	Transparenz
Zeitverständins	Ungeduld	Beharrlichkeit
Reflexion	Schwäche	Professionalität
Wiedergutmachung	Sanktion	Integration
Koalition	Wettbewerb	Kooperation

Tab. 3: Alte und Neue Autorität

Zu den Elementen der Neuen Autorität (s. Tab. 3) passen aktueller denn je die zwar in humanistischen Gymnasien gelehrten, heute aber offenbar in Vergessenheit geratenen Kardinaltugenden als wertvolle Ergänzung:

- Klugheit, Besonnenheit (*prudentia*)
- Gerechtigkeit, Freiheitsliebe (*justitia*)
- Zivilcourage, Mut (*fortitudo*) und
- Mäßigung, Maßhalten (*temperantia*).

Laut Platon und anderen Denkern der Antike sollten die Anführer der griechischen Stadtstaaten diese Tugenden in sich vereinen und zum Maßstab ihres Entscheidens und Handelns machen – als wertvollen Dienst für das Gemeinwohl.

Das folgende Zitat des deutschen Philosophen Josef Pieper räumt der Klugheit bzw. Weisheit den ersten Rang ein, aus dem alle anderen Tugenden, die eine soziale Ordnung begründen können, geboren werden:

> »Keinen Satz der klassisch-christlichen Lebenslehre gibt es, der dem Ohr des heutigen Menschen, auch des Christen, so unvertraut, ja so fremd und wunderlich klingt wie dieser: dass die Tugend der Klugheit die Gebärerin und der Formgrund aller übrigen Kardinaltugenden ist, der Gerechtigkeit, der Tapferkeit und der Mäßigung: dass also nur, wer

klug ist, auch gerecht, tapfer und maßvoll sein kann; und dass der gute Mensch gut ist kraft seiner Klugheit« (Pieper 1998, S. 15).

Fazit: Klugheit bahnt der Lösungsorientierung ihren Weg.

4 Lösungsorientierung als Prozess: Entwicklungsfelder Neuer Autorität

Will man das Konzept der Neuen Autorität mit Leben füllen, so erfordert das einerseits einen klaren Entschluss, Kompetenzen zu erwerben und wichtige Perspektiven sowie Einsichten zu gewinnen. Andererseits erlangt man durch Reflexion (Coaching, Supervision) innere Klarheit und die Fähigkeit zu Selbststeuerung und Autonomie. Damit können Führungskräfte gleichzeitig beginnen, Schritt für Schritt einen konstruktiven Veränderungsprozess in der Organisation einzuleiten. Neue Autorität wird kein Allheilmittel für alle organisationalen Probleme sein, aber sie wird eine neue Kultur vor allem über die weichen Faktoren prägen. Natürlich wird das einen langen Atem bedeuten und einen konstruktiven Umgang mit Rückschritten erfordern, aber als Lohn winkt eine neue, zukunftsfähige Unternehmenskultur, die von Kooperation und Wertschätzung geprägt ist. Also fangen wir gleich an! Am Beginn stehen drei Entwicklungsfelder (s. Abb. 15), die Führungskräften eine solide Basis für die Neue Autorität bieten: lösungsorientierte Führungskommunikation, Netzwerkdenken (systemisches Denken und Handeln) und Reflexion.

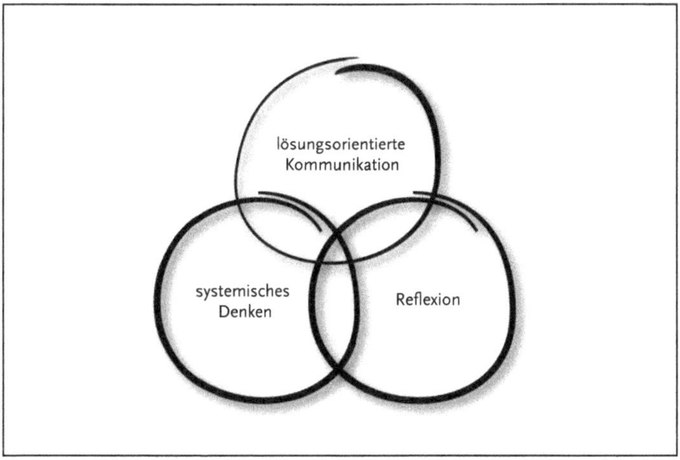

Abb. 15: Entwicklungsfelder Neue Autorität

> **Fazit:** Führen mit Neuer Autorität wirkt auf die häufig vernachlässigten weichen Faktoren wie Vertrauen, Kreativität und Zuversicht – und daraus resultieren Resonanz, Teamgeist, Lern- und Veränderungsbereitschaft. Organisationen entwickeln sich über lebendige Kommunikationsprozesse mit den Beteiligten und eher nicht durch Konzepte oder Expertisen eines einsamen Steuermanns auf seiner Brücke.

Je intensiver Neue Autorität gelebt wird, umso besser können sich positive weiche Faktoren zum Wohl und zur Stärkung aller Beteiligten entfalten. Neue Autorität erfordert vertrauensvolle Begegnung auf Augenhöhe, dialogischen Austausch und die Fähigkeit, ein »Geschäft« miteinander zu machen, das sich für beide Seiten lohnt.

4.1 Lösungsorientierte Kommunikation

Führen durch Fragen

Viele Führungskräfte begehen den Fehler, kaum Fragen zu stellen. Sie versuchen, ihre Gedankenwelt durch mehr oder minder lange Monologe an die Mitarbeiter »rüberzubringen«. Sie erwarten dabei sowohl, verstanden zu werden, als auch, dass die Mitarbeiter auch noch einverstanden sein mögen. Dabei erleben Zuhörer eine ununterbrochene Rede von fünf Minuten bereits als Feinaggression. Also: eigene Beiträge kürzen, d. h. auf den Punkt bringen und Fragen stellen. Fragen dienen nicht nur der Informationsbeschaffung, sondern genauso der Informationserzeugung. Führungskräfte mit Neuer Autorität verstehen es, das Problemlösungswissen, das in den unterschiedlichen Köpfen der Mitarbeiter vorhanden ist, durch Fragen zu mobilisieren und zu koordinieren. Wertschöpfung passiert heute in besonderem Maße dadurch, dass man verstreutes Wissen geschickt extrahiert, neu verknüpft und für überraschende Lösungen verfügbar macht. Die richtigen Fragen zur rechten Zeit gestellt regen an, die Dinge auch von einer anderen Perspektive aus zu sehen und neue Impulse zur Handlungsorientierung zu bekommen.

Führungskräfte, die gute Zuhörer sind, können meist auch gute Fragen stellen. Sie wollen den Gesprächspartner verstehen lernen, auch wenn sie nicht in allen Punkten mit ihm übereinstimmen. Dabei vermeiden sie Suggestivfragen (»Sind Sie nicht auch der Meinung, dass ...?«), denn diese führen dazu, dass der Gesprächspartner nicht frei von seiner Meinung erzählt, sondern sich mit der Meinung des

Fragestellers beschäftigen muss. So und auch durch ständiges Hinterfragen engt man den Gedankenspielraum ungewollt ein.

Zu den Grundfragen gehört die Frage nach dem Ziel. Sie ist die richtunggebende Größe in jedem Kommunikationsprozess: »Was soll erreicht werden? Wo wollen wir hin?« Die Frage nach dem Ziel darf man nie aus den Augen verlieren und wenn doch, muss man sie neu stellen.

Bevor man eine Lösung konstruiert, kann es auch hilfreich sein, erst die Kriterien einer guten Lösung zu erfragen. »Woran erkennen wir eine gute Lösung?« Diese Frage entkrampft die Lösungsbildung und fördert die Annäherung. Oft ist es günstig, die Frage nach dem Nutzen zu stellen: »Was bringt es (wem), wenn das Ziel erreicht ist?« Auch paradoxe Fragen können interessante Lösungsansätze in Gang bringen, etwa: »Wie könnten wir das Problem verschlimmern?«

Die Kunst, gute Fragen zu stellen, gehört zu einem sanften und hoch effektiven Führungskonzept und passt gut zur Entwicklung der Neuen Autorität. Wichtig erscheint mir auch, Pausen auszuhalten. Denn bei einem guten Gespräch tritt mitunter die Situation ein, dass Gesprächspartner nachdenklich werden, weil sie auf etwas Neues kommen. Druck auszuüben, zu unterbrechen oder weitere Fragen einzuwerfen, um vermeintlich schneller auf den Punkt zu kommen, wäre hier kontraproduktiv.

Zuträgliche Information

Information gilt in der Systemtheorie als Schlüsselelement in Organisationen. Ich möchte auf zwei Dimensionen hinweisen: zuträgliche und abträgliche Information. Eine häufig unterschätzte Zutat für das Gelingen von Problemlösungen ist zuträgliche Information. Unter abträglicher Information versteht man dauerndes Kritisieren, Unfreundlichkeit, Abwertung bis hin zu toxischer Information: Lügen, Verleumdungen, Mobbing. Abträgliche Information erschwert die Lösungsfindung oder macht sie ganz unmöglich. Lösungen werden auch dadurch verhindert, dass die Kommunikation mit den Betroffenen nicht auf gleicher Augenhöhe geführt wird, weil sich die Führungskraft distanzierend höherstellt.

Zuträgliche Information zeigt sich in einer Haltung von Freundlichkeit und vor allem in positivem Feedback, das die Bemühungen, Leistungen und sogar gute Absichten anerkennt. Ehrlich gemeintes und authentisch gegebenes positives Feedback entspannt, macht zugänglich, tolerant, hilfsbereit, steigert die Freude an der Arbeit und verbessert die Zusammenarbeit. Positives Feedback lässt die Menschen innerlich wachsen und beflügelt sie im Sinne von: Ich bin etwas und kann etwas – in meinen und deinen Augen (Merl 2016).

Leider sind viele Führungskräfte sehr sparsam damit: »Wenn ich nichts sage, ist das gelobt.« Schade, so liegt eine wichtige Ressource brach, vielleicht die wichtigste: Fähigkeiten, Stärken und Kompetenzen der Mitarbeiter zu entwickeln und bewusst zu machen. Zuträgliche Information ist eine Quelle der Stärke für die, die konstruktive Prozesse mitgestalten sollen, aber auch für die Führungskräfte selbst, wenn sie ihren Mitarbeitenden Raum, Zeit und Energie zur Verfügung stellen. Ihre wohlwollende Präsenz lässt sich als zuträgliche Information verstehen. Auch Ausredenlassen, Zuhören, Hilfe anbieten, um Erlaubnis fragen, wenn man etwas Kritisches anmerken will, gehört zum Repertoire zuträglicher Information einer Führungskraft.

Konfliktklärung

Ungelöste Konflikte binden viel Energie und hemmen die Vorwärtsbewegung im System. Zur Entwicklung einer Neuen Autorität gehört auch die Fähigkeit zur Konfliktregulierung. Grundsätzlich sollten Führungskräfte entscheiden, ob sie eine Konfliktlösung unter ihren Mitarbeitern selbst angehen wollen oder dazu einen neutralen Mediator einladen. Im zweiten Fall ist unter den Beteiligten sorgfältig zu klären, ob die Führungskraft in diesem Prozess anwesend sein sollte oder nicht. Für die oft heikle Aufgabe der Konfliktregulierung bietet Rosenberg (2016, S. 153–179) neue Wege der Mediation an. Anstatt sich mit Streitthemen, Auswegen oder Kompromissvorschlägen zu beschäftigen, schlägt er vor, die Bedürfnisse beider Parteien herauszuarbeiten und erst dann nach Erfüllungsmöglichkeiten für diese Bedürfnisse zu suchen. Er geht davon aus, dass Konflikte überall dort entstehen, wo Menschen sich in ihren Bedürfnissen eingeschränkt fühlen. Das Ziel der Konfliktlösung ist für ihn nicht der Kompromiss, sondern die Zufriedenheit der ursprünglichen Kontrahenten. Dazu bietet er folgenden Weg an:

> »Wir beginnen mit dem Erzeugen einer menschlichen Verbindung zwischen den Parteien, die im Konflikt stehen. Dann stellen wir sicher, dass beide Parteien die Gelegenheit bekommen, ihre Bedürfnisse vollständig auszudrücken, und dass sie den Bedürfnissen der jeweils anderen Partei aufmerksam zuhören. Sobald alle Bedürfnisse gehört wurden, schlagen sie klare, machbare Handlungsschritte vor, um diese Bedürfnisse zu erfüllen. Wir vermeiden es, den Konflikt zu beurteilen oder zu

> analysieren, und bleiben stattdessen auf Bedürfnisse fokussiert [...] Erst wenn alle Bedürfnisse gegenseitig gehört wurden, gehen wir weiter in die Lösungsphase: eine machbare Bitte in positiver Handlungssprache äußern. [...] Zusätzlich behalten wir sorgfältig den roten Faden im Prozess im Auge, erweitern unsere Empathie, wenn nötig, halten das Gespräch in der Gegenwart, bewegen es weiter und unterbrechen es da, wo es nötig ist, um zu dem Prozess zurückzukehren.
>
> Mit diesen Werkzeugen und diesem Verständnis können wir es selbst praktizieren und auch anderen dabei helfen, sogar lang andauernde Konflikte zur beiderseitigen Zufriedenheit zu klären. [...] Wenn von zwei streitenden Parteien jede die Gelegenheit hatte, vollständig auszudrücken, was sie beobachtet, fühlt, braucht und erbittet, und jede der anderen Seite Empathie gegeben hat, dann kann normalerweise eine Lösung gefunden werden« (ebd., S. 177).

Empathie fordert uneingeschränkte Präsenz. Sie bedeutet ein respektvolles Verstehen der Erfahrungen anderer Menschen. Wertung schränkt Empathie jedoch ein oder zerstört sie ganz, das Gleiche gilt auch für gut gemeinte Ratschläge und belehrende Expertisen.

Wenn alles versucht wurde und gar nichts hilft oder bei Gefahr in Verzug bleibt als letzter Ausweg eine verantwortungsvolle Entscheidung der Führungskraft. Ziel ist es, Verletzungen oder Ungerechtigkeiten zu verhindern, nicht aber, Strafen zu verhängen (ebd., S. 184).

Fazit: »Alles, was es dazu braucht, einen Konflikt zur Zufriedenheit der Beteiligten zu lösen, ist eine große Portion Geduld, die Bereitschaft, eine menschliche Verbindung herzustellen, die Entschlossenheit, den GFK[3]-Prinzipien zu folgen, bis man eine Lösung gefunden hat, und darauf zu vertrauen, dass der Prozess wirksam sein wird« (ebd., S. 174–175).

Exkurs: Vergeben

»Der Schwache kann nicht verzeihen.
Vergebung ist eine Fähigkeit des Starken.«
Mahatma Gandhi

Ein völlig unterschätzter Akt für eine dauerhafte Konfliktlösung ist das Vergeben oder Verzeihen. Vielleicht liegt das daran, dass falsch verstandenes Vergeben etwas überheblich wirkt – dann nämlich, wenn

3 GFK: Gewaltfreie Kommunikation.

man dem Schuldigen aus dem Anspruch moralischer Überlegenheit großzügig die Schuld erlässt. Das käme unter Umständen sogar einer Erniedrigung des Schuldners gleich. Darum geht es hier nicht: Es geht um Ebenbürtigkeit oder Beziehung auf Augenhöhe. Wenn man jemandem vergibt, so ist das die Möglichkeit, aus sich heraus einen Ausgleich herzustellen, um eine Schieflage zu beenden. Dabei geht es um einen inneren Prozess des Vergebenden, der einige Zeit und Energie in Anspruch nehmen kann und der damit endet, dass er die Autonomie wiederbekommt. Er braucht den »Schuldner« nicht einmal dazu. Bleibt ein Konfliktsystem ungelöst und damit in Schieflage, bedeutet das Verstrickung und Abhängigkeit oft über Jahre oder sogar Jahrzehnte. Das bindet viel Energie. Unter Vergebung verstehe ich einen Prozess, in dem es gelingt, aus einem Rachezirkel auszusteigen und den Weg der Vergebung über eine bewusste Entscheidung einzuschlagen (s. Abb. 16). Das Ergebnis kann die Weiterführung und Erneuerung einer Beziehung (mit allen möglichen Abstufungen von Nähe und Distanz) sein, aber auch das Ende. Gemeint ist ein Auseinandergehen im Guten. Ist der Prozess des Vergebens erfolgreich abgeschlossen, merkt man das durch einen deutlichen Zugewinn an Autonomie. Übrigens: Man kann auch sich selbst verzeihen.

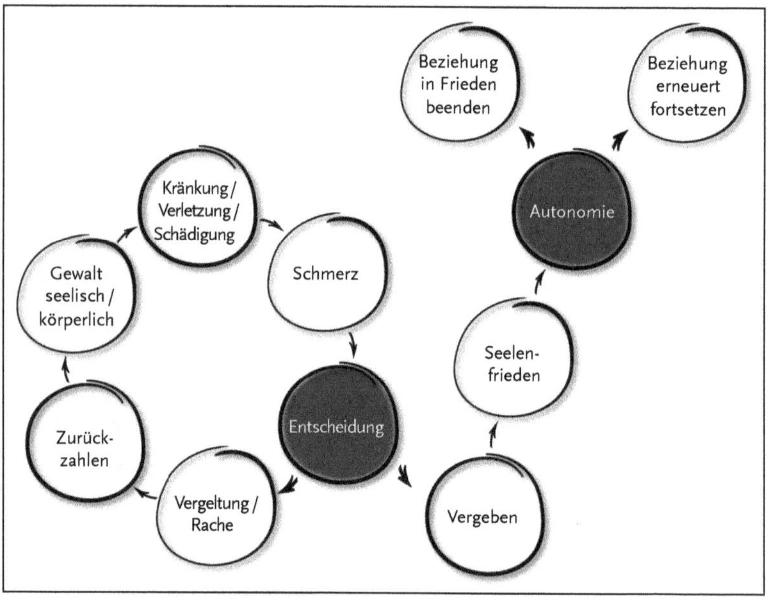

Abb. 16: Rachezirkel (links) und Weg der Vergebung (rechts)

Die Ergebnisse des jungen Wissenschaftszweiges zur Vergebungsforschung belegen laut Luskin eindeutig, dass Vergebung die Menschen mental, emotional, spirituell und sogar körperlich positiv verändert.

> »In sorgfältig ausgeführten wissenschaftlichen Studien zeigte sich, dass Vergebung Depressionen bessert, Menschen hoffnungsvoller macht, Wut reduziert sowie spirituelle Verbundenheit und Selbstvertrauen stärkt« (Luskin 2003, S. 20).

Zwölf Spielregeln für den Alltag

Zusammenfassend biete ich zwölf Spielregeln für eine lösungsorientierte Alltagskommunikation an – sie werden den Spielraum von Führungskräften und Mitarbeitern vergrößern:

1) *»Wie« statt »warum«*
Die Frage nach dem »warum« kann das Gespräch verkomplizieren. »Warum« zwingt Gesprächspartner, sich zu verteidigen und zu erläutern, warum etwas nicht funktioniert. So entstehen Schuldzuweisungen und Rechtfertigungen, aber kaum Lösungen. Die Folge: Eine Atmosphäre, in der die Zusammenarbeit erschwert, Kreativität beeinträchtigt und Motivation verhindert wird. Fragt man mit »wie«, so kann man an Problemen konstruktiv arbeiten und sie in Ziele verwandeln. »Wie« bewirkt Antworten, die mehr beschreibend und weniger wertend sind und die Lösungen vorbereiten.

2) *Brücke in die Zukunft*
Richten Sie den Aufmerksamkeitsfokus auf die Zukunft, denn nur die Zukunft lässt sich verändern. Analyse lähmt, weil sich dabei unweigerlich immer jemand angegriffen fühlt, selbst angreift oder sich zurückzieht. Deshalb lieber einen Zustand in der Zukunft konstruieren, wie eine ideale Lösung aussehen könnte.

3) *Probleme sind »verkleidete« Ziele*
Die Kehrseite von Problemen sind Ziele. Die Herausforderung besteht darin, Probleme in korrespondierende Ziele zu verwandeln. Welches Ziel, welche Herausforderung lässt sich aus dem Problem ableiten? Dann arbeitet man an diesem Ziel weiter und verlässt das Problem. Weil die Aufmerksamkeit auf die Zukunft gerichtet ist, hat das den Vorteil, dass niemand gekränkt wird und sich ein kreativer Spirit zur Lösungsfindung entfalten kann. Üblicherweise tragen die Menschen gerne zu einer guten Zukunft bei.

4) *Erst die Ziele, dann die Maßnahmen*

Auf diese Reihenfolge kommt es an! Wenn das Ziel klar ist, passen auch die Maßnahmen dazu.

5) *Auf den Nutzen achten*

Veränderung und Zielerreichung sollen für alle Beteiligten gewinnbringend sein. In jedem Veränderungsprozess gibt es Verlierer. Kein Wunder, wenn sie nicht mitspielen oder sich sogar querlegen. Deshalb ist ein fairer Umgang mit den Verlierern wichtig.

6) *Erfolgreich scheitern*

»Was müssen wir tun oder unterlassen, um erfolgreich zu scheitern?« Diese paradoxe Frage führt viel schneller zu Erfolgsstrategien als das mühsame und oft künstliche Positivdenken. Hier ist Raum für Skeptiker, Zweifler und Spielverderber. Ist alles Negative, Hinderliche, Schwierige aufgelistet, so lässt sich das ins Positive wenden. Im negativen Denken liegt nämlich eine positive Kraft.

7) *Gibt es Ausnahmen in problematischen Situationen?*

Die Frage nach Ausnahmen beinhaltet oft einen ersten Lösungsansatz. Dabei können wir den Fokus auf Stärken, Erfolge und Ressourcen richten. Schließlich ist bisher nicht ständig alles schiefgelaufen. Jede Person, jedes Team, jede Organisation hat ihre Erfolgsstorys.

8) *Rückschritte als hilfreiche Information beachten, wie »etwas« nicht geht*

Leider lassen sich auf dem Weg zum Ziel Rückschläge nicht vermeiden. Sie gehören dazu. Es kommt aber darauf an, ob man sich von ihnen entmutigen lässt oder ob man sie als hilfreiche Information betrachtet: Wie etwas nicht geht, was übersehen wurde, was unbedingt noch zu beachten ist, auf welche aktuellen Ereignisse Bezug zu nehmen ist. Das führt dazu, dass man mit optimierter Strategie die Zielerreichung fortsetzen kann.

9) *Den Fokus auf das Gute richten – positives Feedback als Ressourcenquelle nutzen*

»Wenn ich nichts sage, dann ist es gelobt.« Mit dieser Haltung lässt sich Motivation am schnellsten ersticken. Wenn allerdings Führungskräfte ihren Mitspielern authentisch positives Feedback geben, so entsteht ein Kontext des Guten. In einer solchen Runde macht es Spaß, mitzuwirken und Neues einzubringen. Dazu kommt noch, dass das, worauf wir fokussieren, stärker wird: Fokussieren wir mehr auf Defizite, wird Kritik die Kommunikation beherrschen, fokussieren wir mehr auf Stärken und Fortschritte, dann wird die Aufmerksamkeit auf neueste positive Entwicklungen und zielfördernde Beiträge im System gelenkt. Alle entspannen sich, und es entsteht eine lösungsorientierte Entwicklungsdynamik.

10) *Auf Fortschritte achten*
Wenn Menschen auf Zeichen für Fortschritte aufmerksam gemacht werden, dann bemerken sie plötzlich auch von selbst alle möglichen Veränderungen, die in Richtung Ziel weisen. Wenn Mitarbeiter erfahren, dass Führungkräfte achtsam den Weg der Zielerreichung begleiten – dann steigt die Motivation, und das Ziel bleibt präsent vor Augen.

11) *Jüngste positive Entwicklung erkennen – und würdigen!*
Kleine, aber kontinuierliche Schritte der Veränderung geben sofort Erfolgserlebnisse. Auch der umfangreichste Veränderungsprozess ist in kleine Schritte unterteilbar. Häufig setzen Führungskräfte auf zu große Schritte, begleitet von der Ungeduld, weil die gewünschten Veränderungen nicht gleich eintreten. In Change-Prozessen ist deshalb Achtsamkeit für sprießende kleine Pflänzchen gefragt. Nur bei Aufmerksamkeit und guter Pflege können daraus später Bäume werden.

12) *Den Erfolg feiern*
Zum Erfolg gehört das Feiern. Allen, die zur Zielerreichung beigetragen haben, gebührt Dank und Anerkennung. Oft wird vergessen, der erreichten Veränderung und den Beiträgen der Mitarbeiter, Aufmerksamkeit zu schenken. Dabei wäre dies nicht nur eine gute Gelegenheit zum Ausgleich, sondern auch die Chance, ein gutes Klima zu pflegen und die Motivation für künftige Herausforderungen zu begünstigen.

Fazit: Ohne Problemanalyse, ohne Suche nach Schuldigen, ohne Krampf oder Kränkung – so funktioniert lösungsorientierte Kommunikation, auch im Alltag. Lösungsorientierung stärkt die Führungskräfte durch das gute Klima, das sie dabei verbreiten, und ermöglicht, dass das Team eine Vorwärtsbewegung wahrnimmt.

4.2 Systemisches Denken

Wenn wir uns von der Idee verabschieden, die Macht sei im Sinne einer geradlinigen Ursache-Wirkungs-Beziehung zu verstehen, ist auch die Vorstellung ad absurdum geführt, man könne Organisationen wie »triviale Maschinen« (von Förster 1988) steuern. Die Beschäftigung mit der systemischen Organisationstheorie (kurz: Systemtheorie) lohnt sich für Führungskräfte, können sie doch dabei Möglichkeiten und Grenzen ihrer Einflussnahme besser einschätzen und ihr Denken und Handeln danach ausrichten (s. Tab. 4). Wenn Führungskräfte lernen, ihre Aufmerksamkeit auf die Betrachtung von Wechselwirkungen (Zirkularität) in einem lebenden System auszudehnen, führt das zu einem beträchtlich tieferen Verständnis der Dynamik von menschlichen Beziehungen in Organisationen. Das wiederum eröffnet Möglichkeiten dazu, die Verhaltensstrategien von Führungskräften zu erweitern.

Mechanistisches Paradigma	Systemisches Paradigma
Welt als triviale Maschine	Welt als lebendes System
prinzipielle Berechenbarkeit	prinzipielle Unberechenbarkeit
lineare Kausalität (Schuld)	zirkuläre Kausalität (Co-Verantwortung)
Reduktionismus: vom Ganzen zum Teil	Holismus: vom Teil zum Ganzen
Subjekt ist autonom/Objekt heteronom	Wechselwirkung zwischen Subjekt und Objekt
Objektivität – eine zeitlose Wahrheit	Objektivität = Illusion
richtig/wahr: zeitlos und kontextunabhängig	kontextabhängig: Nützlichkeit
Person: eine unsterbliche Seele	Person: viele sterbliche Seelen
Rationalität (Ausschluss von Emotionen)	Emotionalität = wesentlicher Aspekt
Universum – objektive Wirklichkeit	Multiversum – viele subjektive Wirklichkeiten

Tab. 4: Mechanistisches vs. systemisches Paradigma (Simon 1997)

Wenn ich im Coaching Führungskräfte frage, was sie denn in ihrer Organisation am vorrangigsten verändern würden, wenn es nach ihnen ginge, so bekomme ich fast immer zur Antwort: das Zwischenmenschliche. Auf genaueres Nachfragen klagen sie über Themen wie: Probleme bei der Zusammenarbeit, Reibungsverluste in der Kommunikation sowohl miteinander als auch über die Hierarchieebenen hinweg, ungelöste akute und chronische Konflikte, mangelhaftes Arbeitsklima, Abschottungstendenzen von Abteilungen und fehlende Lern- und Veränderungsbereitschaft bei Einzelnen. Es geht ihnen also kaum um betriebswirtschaftliche Fragestellungen im engeren Sinn, sondern fast ausschließlich um die Gestaltung menschlicher Beziehungen. Aber woher bekommt man Antworten darauf?

Die Systemtheorie liefert hier nach meinem Dafürhalten konstruktive Ansätze über die Dynamik des Zusammenlebens und -arbeitens von Menschen. Sie konzentriert sich dabei auf die Interaktionen von Menschen, also auf das, was sich zwischen den Menschen ereignet – auf das Zwischenmenschliche eben.

Menschen lassen sich nicht steuern

»Der erste Geiger der Berliner Philharmoniker antwortete auf die Frage, was Karajan dirigiert habe: ›Was er dirigiert hat, kann ich nicht sagen, ich weiß nur, was wir gespielt haben.‹«

F. B. Simon

Die Systemtheorie beschreibt Phänomene in sozialen Systemen, die für Führungskräfte von Bedeutung sind. Sie spricht von lebenden Systemen (Menschen, Teams, Organisationen) und von technischen Systemen (Maschinen). Während man in technische Systeme eingreifen, sie programmieren und bei Bedarf auch reparieren kann, besteht diese Möglichkeit bei lebenden Systemen nicht. Denn sie sind operational geschlossen, d. h., man kann sie nicht direkt beeinflussen. Auf Reize aus der Umwelt (z. B. Anordnung einer Führungskraft) reagieren sie gemäß ihrer inneren Struktur mittels jeweils individueller Programme – also völlig autonom. Daraus resultiert ein hohes Maß an Unberechenbarkeit menschlichen Verhaltens auf einen Steuerungsimpuls der Führungskraft hin. Die Steuerung sozialer Systeme entspricht leider nicht dem Bild des Kapitäns, der sein Schiff auf Kurs zu einem gewählten Ziel führt, indem er mehr oder weniger geschickte Bewegungen des Ruders ausführt oder Maßnahmen zur

Beschleunigung oder Verzögerung ergreift. Lebende Systeme sind operational geschlossen, d. h., sie sind nach Simon (2006, S. 47) »in sich geschlossene, gegenüber ihrer Umwelt vollkommen abgegrenzte Einheiten«, die auf Einflüsse aus der Umwelt (z. B. von Führungskräften) gemäß ihrer inneren Struktur und Programme reagieren – mit dem Ziel der Selbsterhaltung und Selbstoptimierung Diese Nachricht ist schwer verdaulich und für Führungskräfte unangenehm, weil sie die Idee der Steuerung von Teams, Organisationen und Unternehmen infrage stellt bzw. sogar verneint. Werden Führungskräfte für etwas bezahlt, das sie gar nicht leisten können? Wird ihnen Verantwortung übertragen, die sie gar nicht zu erfüllen imstande sind?

Ich denke, Führungskräfte beeinflussen sehr wohl das Schicksal einer Organisation – und zwar dadurch, wie sie die Kommunikation gestalten, worauf sie den Aufmerksamkeitsfokus lenken und indem sie »Geschäfte« mit ihren Mitarbeitern machen, die sich für beide Seiten lohnen. Entscheidend ist natürlich auch, wie es ihnen gelingt, eine Neue Autorität für solche Prozesse zu entwickeln. Denn dann werden sie dafür Raum, Zeit und ihre Energie effizient zur Verfügung stellen können. Genau das verstehe ich unter Führung mit Neuer Autorität (s. den Abschnitt »Ökologie und Beziehungsdynamik«, S. 81 ff.).

Ein System organisiert sich selbst

Hat sich ein Team gebildet, so formen sich mit der Zeit in ihm Gegenspielerpositionen aus. Personen übernehmen also bestimmte Rollen im System: Bewahrer – Veränderer, Leistung – Beziehung, Überblick – Detail, Experte – Generalist, Beschleuniger – Entschleuniger usw. Diese antagonistische Konstellation bildet sich quasi von selbst und ohne maßgeblichen Einfluss der Führungskraft, die ja als Teil des Systems in diesen Prozess mit involviert ist. Die Rollen entsprechen keinen Typologien oder Charaktermodellen, sondern sind lediglich wertfreie Schwerpunktfunktionen mit der Absicht, das soziale System zu stabilisieren und ins Gleichgewicht zu bringen. Im Idealfall geben sich die Antagonisten gegenseitig wertvolle Impulse – schlimmstenfalls liefern sie sich vehemente Konflikte. Für Führungskräfte ist es wichtig, diese antagonistische Dynamik und ihre gute Absicht zu kennen – nämlich, permanent Gleichgewicht und Stabilisierung des sozialen Systems herzustellen zu wollen, um unerwünschte Schieflagen zu vermeiden. Lösungsorientierte Kommunikation erleichtert

Führungskräften den konstruktiven Umgang mit allen Antagonisten und deren systembedingten Widersprüchlichkeiten.

Die Stabilisierungstendenz führt – auch bei erfolgreichen Teams – manchmal zu Verkrustungen, das System droht dann zu erstarren. Führungskräfte haben die Aufgabe, das System wieder in Bewegung zu bringen, bevor Stillstand bzw. die Krise eintritt. Übrigens fördern Krisen die Bereitschaft zur Auseinandersetzung und zum Umdenken – das lässt neue Chancen entstehen. Wenn man sie zu nutzen versteht, führt dies unweigerlich zur Weiterentwicklung.

Ordnung

Eine Grundbedingung für das Gelingen von Beziehungen in sozialen Systemen ist die Ordnung. Damit sind in erster Linie Regeln gemeint, die das Zusammenleben einer Gruppe in festen Bahnen lenken, aber auch Strukturen, die Sicherheit geben. In allen längerdauernden Beziehungen entwickeln sich gemeinsame Annahmen, Werte, Normen, Überzeugungen und Tabus, die dann für alle verbindlich werden. So wird aus Beziehungen ein System mit Ordnung und Struktur (Weber 1993, S. 35).

Prinzipien in sozialen Systemen

Weber (1997, S. 409–413) liefert in seinen Prinzipien für die Aufstellungsarbeit wichtige Hinweise zur Führungsarbeit im Alltag.

- *Recht auf Zugehörigkeit:* Dieses Recht enthält aber auch die Verpflichtung, den entsprechenden Beitrag zur Erhaltung und Erneuerung der Organisation zu leisten. Eine Organisation sorgt für ihre Mitarbeiter und fördert sie, und die Mitarbeiter ihrerseits verhalten sich loyal zur Organisation und engagieren sich für deren Ziele. Wird mit dem Recht auf Zugehörigkeit von einer der beiden Seiten leichtfertig umgegangen (z. B. durch willkürliches Outsourcing oder durch eine Versorgungsmentalität), wirkt das in der Organisation wie eine Hypothek besonders auf das Vertrauensverhältnis der Mitarbeiter zur Organisation sowie auf deren Engagement und umgekehrt.
- *Geben und Nehmen:* In Organisationen gibt es so etwas wie eine innere Kontoführung (Boszorményi-Nagy u. Spark 1993), wer

wem etwas gegeben oder vorenthalten hat. Durch Geben und Nehmen werden Konten aller Interaktionspartner im System eröffnet, auf denen Soll und Haben gegenübergestellt wird. Die Kontostände aller Beteiligten fließen in die Beziehungen ein und wirken sich auf die Dynamik aus. Nicht jede verkaufte Ware wird sofort bezahlt, nicht jede gute oder schlechte Tat sofort belohnt oder bestraft. Dennoch werden in der Interaktion ständig Soll und Haben bilanziert, Kreditlinien festgelegt und Forderungen eingeklagt (Simon u. CONECTA 1992).

- *Wer länger da ist, hat Vorrang:* Bei Gleichgestellten hat der, der früher da war, die älteren Rechte. Später Dazukommende müssen diese anerkennen. Das gilt im besonderen Maße für Initiatoren und Gründer von Organisationen. Aber auch, wenn an hierarchisch höheren Positionen Stehende Vorrang haben, lohnt es sich für diese, die Mitarbeiter, die früher da waren, in ihrer Erfahrung und für ihre Verdienste zu schätzen. Sonst kehren neue Besen schlecht.
- *Leitung hat Vorrang:* Leitung muss durch Leistung und dadurch, dass diese adäquat ausgefüllt wird, gerechtfertigt werden. Dann besitzt der Leitende Autorität und wird in seiner Position geschätzt. Mythen wie »Wir sind alle gleich« fördern Unsicherheit und Beziehungskonflikte.
- *Leistung muss anerkannt werden:* Haben bei gleichgestellten und gleich bezahlten Mitarbeitern einige besondere Kompetenzen oder bringen sie besondere Fähigkeiten ein, die den Erfolg und die Weiterentwicklung der Organisation garantieren, brauchen diese eine besondere Anerkennung und Förderung für ihre Beiträge.
- *Gehen und Bleiben:* Bleiben kann jemand, den die Organisation braucht und der seinen Platz und seine Funktion ausfüllt. Gehen muss manchmal jemand, der andere im System nachhaltig oder rücksichtslos geschädigt hat. Gelingt im Rahmen einer Trennung kein Ausgleich in irgendeiner Form, so behält der ausscheidende Mitarbeiter Wirkung auf das System – und das, obwohl er physisch gar nicht mehr anwesend ist. Bei Trennungen in und von Organisationen ist es sowohl für die Organisation als auch den Betreffenden wichtig, dass die Trennung im guten Einvernehmen und in gegenseitiger Achtung vollzogen

wird, damit es in der Organisation gut weitergehen und der Betreffende an der nächsten Stelle gut ankommen kann. Würdigende Rituale (z. B. Feiern) fördern diese Prozesse, während ein »golden handshake« oft nicht reicht, einen angemessenen Ausgleich herzustellen.

- *Organisationen sind aufgabenorientierte Systeme:* Es gibt Arbeitsgruppen, die ihre Ziele weitgehend aus dem Blick verloren haben oder in denen Führungskräfte längst fällige Entscheidungen nicht getroffen haben. Die Mitarbeiter beschäftigen sich dann vor allem mit sich selbst, mit Beziehungsproblemen oder klagen über »die da oben« und die »Zustände«.
- *Das Alte und das Neue:* Neue Ideen sind in Organisationen schwerer durchzusetzen, wenn das Vorhandene, das sich ja oft über lange Zeit bewährt hat, nicht gewürdigt wird. Besser ist es, erst das Vorhandene zu bestätigen und anzuerkennen und seine Vorstellungen sowie Pläne nicht missionarisch gegen das Alte zu stellen bzw. durchsetzen zu wollen. Als Neuer macht man sich erst einmal ortskundig, schaut, was in diesem System Gültigkeit hat, und fädelt sich dann ein. Die Würdigung des Alten muss man aber nicht dauernd zeigen, es geht eher um die innere Haltung.

Ökologie und Beziehungsdynamik

Wie oben schon angesprochen, findet im Team wie in allen anderen Lebensbereichen unter den Menschen ein reger Austausch von Geben und Nehmen statt – ein Austausch, der in unsichtbaren Buchhaltungen jedes Menschen mit all seinen Interaktionspartnern als Soll oder Haben sorgfältig saldiert wird. Das Gleiche gilt auch, wenn jemandem etwas vorenthalten wird, worauf er Anspruch hat. In jeder Beziehung gibt es Konten über Geben und Nehmen, und die Kontostände bestimmen die Dynamik der Beziehungen aller Beteiligten – wenn jemand etwas nimmt und dafür zum Ausgleich nichts gibt, gerät er in die Schuld des Gebers. Wenn hingegen immer wieder ein aktiver Ausgleich der Konten erfolgen kann, gestalten sich Beziehungen dann für beide Seiten befriedigend. Ist das nicht der Fall, droht eine Schieflage, die die Beziehung in Gefahr bringt. Erst durch den Ausgleich kommt die Beziehung wieder ins Lot.

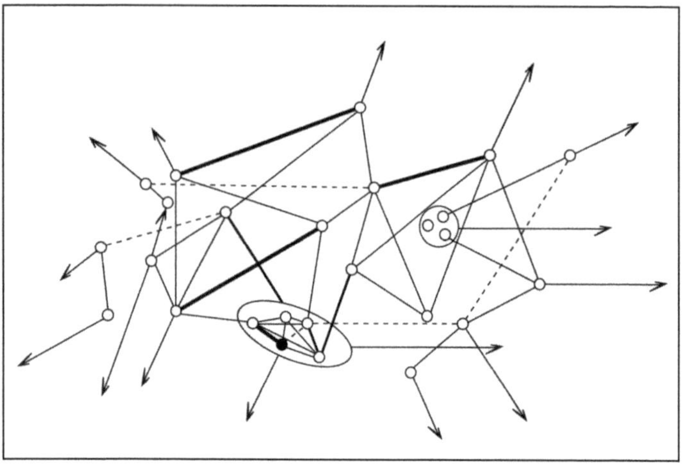

Abb. 17: Netzwerk Mensch (Merl 2017)

Stellt man die Beziehungen der Menschen untereinander grafisch mit Linien dar, so erkennt man, dass alle Menschen, die auf der Welt leben, miteinander verbunden sind. Aus diesem Netzwerk nehmen sich die Menschen, was sie zum Leben brauchen, und in dieses Netzwerk geben sie, was andere brauchen. Es findet ein permanenter Markt statt, der auf den ersten Blick chaotisch wie ein riesiger Basar anmutet (s. Abb. 17). Aber es gibt eine ordnende Kraft, die Harry Merl (2006, S. 26–28) in diesem Kontext Ökologie nennt.

Den Begriff Ökologie benutzt man schon seit ca. 50 Jahren (Odum 1980), um die Dynamik des Zusammenlebens verschiedener Lebewesen in einem gemeinsamen Raum – d. h., die gegebenen Ressourcen zu nutzen und eventuell neue zu schaffen, sie zu erfassen und zu beschreiben. Für Führungskräfte bedeutet das: Sie müssen die Vielfalt der Beziehungen und die Bedarfslage des Einzelnen sehen. Jeder stellt dabei seine individuellen Anforderungen, um leben, überleben und sich entwickeln zu können. Dabei wird ständig bilanziert, und zwar in jeweils eigener, meist unveröffentlichter Währung. Dazu kommt noch die permanente Wahrnehmung, ob das, was im Lebensraum zur Verfügung steht, dem Leben der jeweiligen Person zuträglich oder abträglich ist. Dieser Prozess generiert die persönliche Ökologie. Jeder Mitarbeiter und natürlich besonders jede Führungskraft ist zu jedem Zeitpunkt Zeuge seiner persönlichen Ökologie. Darüber hinaus prägt er die Ökologie des Teams und der Organisation durch seine persönliche Ökologie. Ist der Ökologie-Level eines Teams hoch, ist von den Betroffenen zu hören: »Ich mache meine Arbeit hier gerne, meine Leistung wird gesehen und wertgeschätzt. Ich werde fair behandelt. Ich bin zufrieden, weil ich eine Vorwärtsbewegung im Team spüre.« Ist dieser Level niedrig, kommt es mit Sicherheit zu Störungen im System – z. B. zu Aggression, Konflikten, Mobbing oder Depression bis hin zu Burn-out. Die Ökologie hat immer auch Auswirkungen auf die Zukunft. Diese zeigt sich etwa an dem wichtigen Faktor Anpassungsfähigkeit, wie Merl (2006) ausführt:

> »Diese ist jedem Menschen auf seine bestimmte Weise und in bestimmtem Ausmaß gegeben, aber wohl auch durch seine Art begrenzt. Ist diese Fähigkeit genetisch kräftig vorgegeben, so ist das Überleben in unfreundlicherem Milieu eher zu erwarten, weil Belastungen länger ertragen oder besser bewältigt werden können [...] als dort, wo die Anpassungsfähigkeit schwächer ausgeprägt ist, das Milieu freundlicher sein muss, um die Zukunft zu sichern. Aber im ersten Fall kann trotz höherer Anpassungsfähigkeit eine akut auftretende Verschärfung der äußeren ökologischen Situation zu Problemen oder Gesundheits- und Verhaltensstörungen führen, ebenso wie das chronische Anwachsen einer Belastung die Anpassungsfähigkeit schließlich überfordert.«

Für Führungskräfte lohnt es sich aus diesem Grunde, ein Sensorium für ökologische Zustände zu entwickeln, und zwar sowohl für die Ökologie des Einzelnen, des jeweiligen Teams wie auch der gesamten Organisation.

Fazit: Die Ökologie ist der wichtigste Maßstab für das Wohlbefinden und die Leistungsfähigkeit von Menschen und Teams. Führungskräfte mit Neuer Autorität berücksichtigen in ihrem Führungshandeln immer auch die Ökologie und kalkulieren die Selbststeuerung der »Geführten« mit ein.

Zusammenfassung:

Soziale Systeme

- sind operativ geschlossen und deshalb nur bedingt steuerbar
- reagieren auf Steuerungsimpulse gemäß ihrer eigenen Struktur
- bilanzieren autonom Erträge und Aufwände in meist unveröffentlichter Währung

- streben nach Ausgleich der Konten
- versuchen, ihre Ökologie zu optimieren.

Exkurs: Rangdynamisches Positionsmodell

Nach Raoul Schindler bildet jedes Team parallel zur formellen Struktur auch noch eine innere, informelle Struktur aus. Dabei übernehmen unterschiedliche Personen verschiedene Rangpositionen für den Aufbau und Erhalt des Teams. Dieser Prozess läuft unbewusst ab, und die Gruppe erhält so ihre Identität. Schindler (2016, S. 105–112) nennt vier Kategorien von Rangrollen (s. Abb. 18):

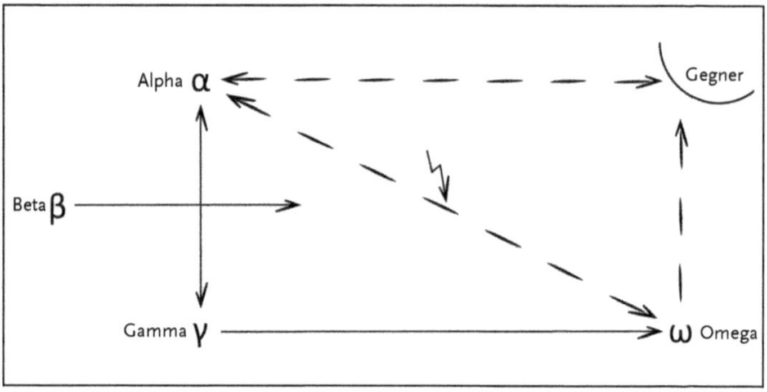

Abb. 18: Rangdynamik nach Raoul Schindler

- *α- (Alpha-)Position:* Sie kennzeichnet den Leiter oder Sprecher der Gruppe. Er repräsentiert sie nach außen, gibt die meisten inhaltlichen Impulse, formuliert Ziele und gibt die Regeln vor.
- *β- (Beta-)Position:* Aus ihr entwickelt sich manchmal der Nachfolger für die α-Position, oder er kann sich auch als »graue Eminenz« durch sein Werk legitimieren. Fachkenntnis und Sachverstand kennzeichnen ihn und auch das »Ja, aber …« – also der Einwand oder die gestellte Bedingung, wenn es gilt, eine Entscheidung mitzutragen. Diese Person wird in schwierigen Situationen von Alpha am ehesten zurate gezogen.
- *γ- (Gamma-)Position:* Hier versammeln sich Alphas Gefolgsleute. Sie repräsentieren die Mehrheit in der Gruppe. Gammas bestärken ihren Alpha bei seinen Vorhaben und identifizieren sich mit den vorgegebenen Zielen. Manchmal versuchen sie

sogar, seine Sprache und sein Verhalten zu imitieren. Sie haben keinen Führungsanspruch.

- *ω- (Omega-) Position:* Diese Personen widersetzen sich den Vorhaben des Alphas und der ganzen Gruppe, drücken Widerstand gegen die Zielerreichung aus – auch affektiv – und werden deshalb als nörgelnd, destruktiv oder bremsend empfunden. Alles wird kritisch hinterfragt, die Schwierigkeiten stehen im Vordergrund und werden als unüberwindliches Hindernis dargestellt. Von den anderen wird eine Omega-Person als Störenfried empfunden oder auch zum Sündenbock gemacht. Wird sie aus der Gruppe entlassen, entwickelt sich nach kurzer Zeit wieder ein »neuer« Omega.

Für Führungskräfte mit Neuer Autorität ergibt sich die Herausforderung, als Alpha mit der Omega-Rolle konstruktiv umgehen zu lernen. Die Person im Omega-Rang hat nämlich eine wichtige systemische Bedeutung: Sie versucht, durch Risiko- und Gefahrenerkennung die Gruppe vor Schaden zu bewahren. Dabei verhält sie sich wie ein Gegner der Gruppe und macht sich bei allen anderen unbeliebt. Soll aber ein Projekt erfolgreich werden, muss man den Omega mit ins Boot holen. Führungskräfte haben keine Wahl: Wollen sie erfolgreich sein, müssen sie sich tunlichst mit Omegas arrangieren. Weil es kein Patentrezept hierfür gibt, stellt das zweifelsohne eine der anspruchsvollsten Aufgaben für Führungskräfte dar.

Fazit: Diese vier Positionen erzeugen eine spezifische innere Dynamik jeder Gruppe. Wie das Team und insbesondere die α-Person mit Omegas umgeht, beeinflusst nicht nur den Erfolg, sondern auch das Wohlbefinden der gesamten Gruppe und damit deren Ökologie.

4.3 Reflexion

»Der Schatz wird aus der Tiefe heraufgehoben. Die Selbsterkenntnis erwartet ihre Befreiung hoffnungsfroh.«
Baldur Preiml

Das dritte Entwicklungsfeld erachte ich als das wichtigste. Neue Autorität kann nur erlangen, wer bereit ist, sich mit seiner eigenen

Person auseinanderzusetzen. Neue Autorität kann in der Hektik des Alltags oder in krisenhaften Situationen auch zum Teil wieder verloren gehen – niemand hat sie gepachtet. Die Aufgabe besteht darin, die innere Ordnung wiederzufinden und zu festigen. Wer sich auf solche Prozesse einlässt, kann mit einem Zugewinn an Autonomie und an Spielraum für seine Handlungsoptionen rechnen. Zwar sehen einige Führungskräfte es auch heute immer noch als ein Zeichen von Schwäche, sich einen Gesprächspartner (Coach, Supervisor) zu organisieren, aber ich erkenne eine deutlich wachsende Tendenz, die Reflexion mit einem Coach als wichtigen Teil der eigenen Professionalität anzusehen. Suchte man früher nur im äußersten Notfall einen Coach auf, so ist für viele Führungskräfte aller Altersstufen die regelmäßige Reflexionsstunde zur Selbstverständlichkeit geworden. Durch den Druck außergewöhnlicher Situationen können Führungskräfte die innere Ordnung und auch ein Stück Neuer Autorität wieder verlieren. Aufgabe der Reflexion ist es, eine neue, situationsadäquate, innere Ordnung der Führungskraft wiederherzustellen und ihr damit Handlungsoptionen zu ermöglichen. Verantwortungsvolle Kommunikationskompetenz und die besonnene Handlungsfähigkeit von Führungskräften gilt besonders in schwierigen Zeiten als ein klares Zeichen Neuer Autorität. Passivität oder hektisches Machertum führen hingegen zur Schwächung.

Führung als »Hexenkunst«

Führung ist nach Simon eine »Hexenkunst« (Simon u. CONECTA 1992, S. 99). Die Hexe sitzt auf dem Zaun, der zwei Felder voneinander abgrenzt. Ein Bein ragt ins »Feld der Handlung«, das andere ins »Feld der Reflexion«. Somit ist die Hexe in beiden Feldern präsent. Sie vollzieht einerseits ihre Führungshandlungen, beobachtet andererseits die Auswirkungen und wechselt in das Feld der Reflexion, in dem sie mit einem »guten Geist« über ihr Handeln nachdenkt, Schlüsse aus ihren Beobachtungen zieht und sich dann in einem Lösungsgespräch Möglichkeiten für die nächste Intervention erarbeitet. Anschließend kehrt sie gestärkt ins »Feld der Handlung« zurück. Und der Prozess beginnt von Neuem. So geht das immer weiter: Es entsteht eine systemische Schleife (s. Abb. 19).

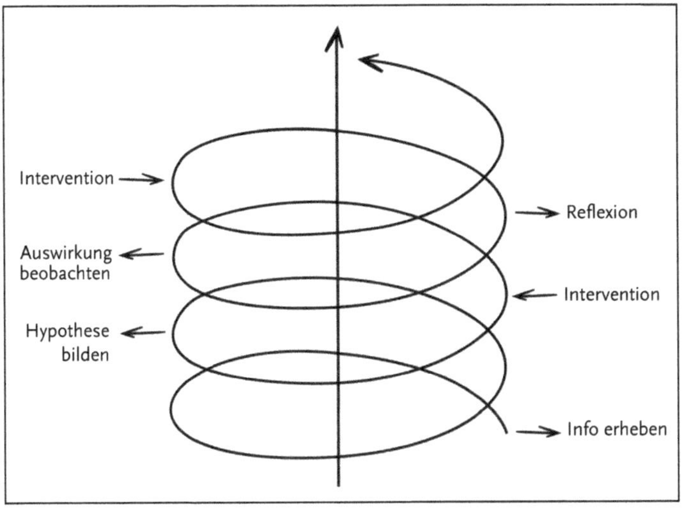

Abb. 19: Systemische Schleife

Leider bleiben manche Führungskräfte vorwiegend im »Feld der Handlung«, tragen vielfach ungelöste oder scheinbar unlösbare Probleme oft lange Zeit mit sich herum. Sie versuchen, damit selbst klarzukommen, finden aber oft keine Zugänge zur Lösung und quälen sich mit Selbstvorwürfen oder beschuldigen andere.

Im »Feld der Reflexion«, wie es Coaching oder Supervision bietet, lassen sich solche Problemstellungen angehen und lösen. Der lösungsorientierte Dialog mit einem »guten Geist« ermöglicht eine neue Art des Handelns oder eine neue Art des Denkens in Bezug auf das Problem. Dabei werden hinderliche Glaubenssätze und Einstellungen in förderliche umgewandelt, festgefahrene Überzeugungen und Erklärungsmuster gelockert. Perspektiven lassen sich verändern und Verkrustungen auflösen. Es gibt dazu viele methodische Ansätze. Ich persönlich vertrete als Coach die systemisch-lösungsorientierte Methode, die in der Familientherapie (auch Kurztherapie genannt) wurzelt. Diese will nicht die Ursachen eines gegebenen Problems analysieren, sondern fruchtbare Wege finden, über eine gute Zukunft nachzudenken, und praktische Ideen finden, diese auch zu erreichen. Probleme und damit zusammenhängende Themen bespricht der Coach hier auf eine Weise, die dazu beiträgt, Optimismus, Zusammenarbeit und Vertrauen in die Ressourcen sowie Fähigkeiten hervorzubringen, um kreative Lösungen zu erschaffen (Furman u. Ahola 1996, S. 166). Positive Zukunftsvisionen und das Vertrauen, diese auch realisieren zu können, verbessern die Ökologie beträchtlich und ermöglichen eine angenehme, deutlich fühlbare Vorwärtsbewegung. Gelungene Lösungsgespräche wirken sich auf Vitalität und Gesundheit der Führungskraft und in der Folge auch auf die Mitarbeitenden positiv aus. Sie führen zu Resonanz mit den eigenen Stärken und Ressourcen, also zu einem Gefühl der Einheit und Kraft: »Ich könnte Bäume ausreißen.« Ziel der Reflexion ist eine integrierte Persönlichkeit, die eine innere Ordnung kennzeichnet und bei der inneres und äußeres Selbst in Einklang kommen. Diese Qualität der Kongruenz – der Deckungsgleichheit von Innen und Außen – ist der wichtigste Baustein für die Neue Autorität. In der Reflexion geht es immer wieder darum, diese Balance zu finden. So bleibt man sich selbst treu und sicher »auf Kurs«. »Ich habe jetzt Klarheit und spüre neue Kraft für meinen Weg«, sagen Führungskräfte nach gelungener Reflexion. Oder: »Ich bin sortiert und habe meine Perspektive gefunden.«

Was kann passieren, wenn man auf Reflexion verzichtet?

Am häufigsten erlebe ich, dass Führungskräfte ihre Anstrengungen verstärken, wenn sie ein Problem nicht gleich lösen können. Das heißt, sie versuchen, das Problem immer wieder in gleicher Weise anzugehen, und verstärken dabei ihr Bemühen und den Krafteinsatz. Solche wiederholten Anläufe werden mit der Zeit sehr anstrengend und frustrierend, weil sie meist doch nicht zur Lösung führen – sie vergeuden lediglich Energie. Abhilfe kann hier ein Perspektivenwechsel schaffen bzw. auch das Einbringen einer Außenperspektive des »guten Geistes«.

Beispiel: Statt »Wir brauchen Facharbeiter!« verändert ein Perspektivenwechsel die Anforderung in »Wie kriegen wir Mitarbeiter, die gerne bei uns sind und mit denen wir erfolgreich unsere Produkte erzeugen können?«

Manche Führungskräfte engen sich durch ihre Zieldefinitionen sehr ein und beschränken damit ihre Perspektive wie auch ihre Handlungsoptionen. SMART- Ziele können gefährlich werden. Erleichterung bringt oft die Erweiterung des Zieles auf einen Zielrahmen. Beispiel: »Unsere Durchlaufzeiten müssen um 30 % kürzer werden.« → Zielerweiterung: »Wie bleiben wir auch in Zukunft wettbewerbsfähig?«

Führungskräfte ärgern sich, dass die Mitarbeiter die ausgegebene Strategie nur mangelhaft oder gar nicht umsetzen. Beispielsweise sagen sie: »Wir bringen unsere ›PS‹ nicht auf die Straße.« In diesem Fall fehlt der Dialog mit den Beteiligten, der Austausch von Erfahrungen der operativen Kräfte und die Partizipation bei der Strategiebildung bzw. -verfeinerung.

Ein Projekt ist steckengeblieben, Schuldige werden gesucht. In einem solchen Fall ist es besser zu überprüfen, ob das Tempo zu hoch war, zu großer Druck ausgeübt wurde, die Beteiligten ausreichend einbezogen wurden, die interne Kommunikation transparent gestaltet wurde, Klarheit über Projektauftrag, Ziel und Struktur herrschte, die Informationspolitik abgestimmt war und ob Feedbackgespräche stattgefunden haben.

Reflexion hilft aber auch, sich von ungünstigen Verhaltensmustern zu befreien sowie innere Konflikte und Widersprüchlichkeiten zu lösen. Führungskräfte finden dabei heraus,

> »wie sie sich darauf konzentrieren können, was sie wirklich wollen, statt auf das, was mit uns selbst und den anderen nicht stimmt, gibt sie uns das Werkzeug und das Verständnis an die Hand, um einen friedvolleren inneren Zustand zu kreieren« (Rosenberg 2016, S. 193).

Coaching oder Supervision?

Es gibt mannigfache Bemühungen, die beiden Begriffe unterschiedlich darzustellen und voneinander abzugrenzen. Im Folgenden zitiere ich zwei gebräuchliche Definitionen. Urteilen Sie bitte selbst:

> »Supervision definiert sich heute vorwiegend als Ort und Methode der beruflichen und aufgabenbezogenen Reflexion, welche der Klärung von […] Möglichkeiten und […] Bedingungen von Berufstätigen dient. Wesentliche Wirkungen bestehen darin, eine angemessene Distanz in schwierigen Berufssituationen herbeiführen zu können, emotionale Distanz zu erfahren und auf diesem Hintergrund gemeinsam weiterführende Handlungsstrategien entwickeln zu können. […]
>
> Coaching ist ein interaktiver personenzentrierter Beratungs- und Begleitungsprozess im beruflichen Kontext, der zeitlich begrenzt und thematisch (zielorientiert) definiert ist. Die individuelle Beratung von einzelnen Personen, Gruppen oder Teams richtet sich auf fachlich-sachliche und/oder psychologisch-soziodynamische Fragen bzw. Problemstellungen, die sich auf die Arbeitswelt beziehen. Coaching findet auf einer tragfähigen Beziehungsbasis statt, die durch Freiwilligkeit, gegenseitiges Respektieren und Vertrauen begründet ist und eine gleichwer-

tige Ebene des Kooperierens bedingt. Das Gespräch zielt immer auf eine Förderung von Selbstreflexion und -wahrnehmung, von Bewusstsein und Verantwortung, und von Selbsthilfe/Selbstmanagement ab. Coaching arbeitet mit transparenten Interventionen nach dem Prinzip des Öffentlich-Machens und des impliziten Vermeidens manipulativer Techniken, die der Entwicklung der Eigenkompetenz und Selbstreflexion entgegenwirken würden. Der Prozess baut auf die ressourcen- und lösungsorientierten Kompetenzen der Kunden, die gefördert und aktiviert werden können. Coachs entwickeln gemeinsam mit den und nicht für die Kunden individuell angemessene Lösungen in Passung an das System« (Reichel 2005, S. 161 u. 166).

Der »passende« Coach

»Die einzige Arbeit, die auf die Dauer wirklich lohnend ist, ist die Arbeit an sich selbst.«
Friedrich Nietzsche

Ich denke, es ist entscheidend, einen Reflexionspartner zu finden, der vor allem gut zuhören kann, auf seine eigene innere Ordnung bedacht ist und unbedingt auf eine wirksame und anerkannte Methode zurückgreifen kann, um die Kreation von Lösungen bewusst zu ermöglichen. Eine Berufsfelderfahrung des Beraters bringt Vorteile, ist aber nicht unbedingt erforderlich. Als Hauptkriterium erfolgreicher Reflexion sehe ich an, ob es gelingt, einen echten Resonanzraum zwischen Führungskraft und Coach/Supervisor zu etablieren – mit dem Ziel, die Ökologie des Reflektierenden zu verbessern. Reflexion bleibt eine lebenslange Aufgabe, aber sie lohnt sich, geht es doch um die Verbesserung der persönlichen Ökologie.

Fazit: Unter den vielfältigen Anforderungen des Alltags geht die innere Ordnung immer wieder verloren. Aufgabe der Reflexion ist es, diese Ordnung wiederherzustellen, damit Autonomie und effektive Handlungsoptionen entstehen können.

Die Verbesserung der Ökologie ist das wichtigste Erfolgskriterium der Reflexion. Sie kommt der Neuen Autorität zugute.

5 Rückenstärkung für die Neue Autorität

Die im Folgenden angeführten Punkte (s. Abb. 20) stärken den Führungskräften auf ihrem Weg zu Neuer Autorität den Rücken.

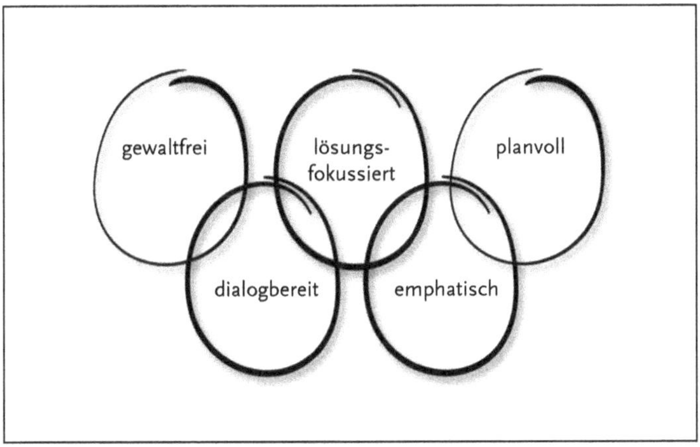

Abb. 20: Rückenstärkung durch Haltungen, Fertigkeiten und Einstellungen

5.1 Gewaltfrei: Gewaltfreier Widerstand statt destruktive Auseinandersetzung/Intervention

»Schmiede das Eisen, wenn es kalt ist.«
Haim Omer

Haim Omer berichtet von einer interessanten Pilotstudie, die er zusammen mit seinem Kollegen Ziv Gilad (2013) im Polizeirevier von Jerusalem durchgeführt hatte. Ich gebe sie hier auszugsweise wieder und nur insoweit, wie ich mir gewisse Parallelen zu Fragen von Leadership und Neuer Autorität verspreche. Es geht um konstruktive Einstellungen und Verhaltensweisen im Umgang mit Konflikten. Natürlich ist mir klar, dass man die Arbeit von Polizeibeamten nicht einfach mit der von Führungskräften vergleichen und schon gar nicht gleichsetzen kann. Dennoch enthält die Studie eine sehr wertvolle Essenz, aus der Führungskräfte Schlüsse für ihre Strategien zum erfolgreichen und vor allem gewaltfreien Umgang mit Konflikten ziehen können.

In der Studie ging es um die Fragen:

- Kann man eine wirksame, aber gewaltfreie Konfliktintervention in kurzer Zeit erlernen – mit dem Ziel, gewaltfrei zu tragfähigen Lösungen zu kommen?

Und:

- Kann man mit einer solchen Ausbildung auch innere Einstellungen verändern?

Die Polizei ist ja bekanntlich täglich einem mehr oder minder hohen Konfliktpotenzial ausgesetzt: Kriminalität, Demonstrationen, Nachbarschaftsstreitereien u. v. a. m.

- Gibt es für die Polizisten alternative Handlungsoptionen anstatt des gewohnten Einsatzes von Macht, aus der die Gefahr der Eskalation von Konflikten resultiert?
- Lässt sich das in einem Workshop lernen und auch wirklich anwenden?

In der Studie sollte untersucht werden, ob ein Training in konstruktiver Konfliktintervention/Auseinandersetzung einen wirksamen Effekt auf die Einstellung und das Verhalten der Polizisten im Konfliktfall zeigt. Dazu wurden 28 Polizeibeamte ausgewählt. Die Hälfte von ihnen erhielt einen eintägigen Workshop in konstruktiver Konfliktintervention/Auseinandersetzung kurz vor dem Simulationsexperiment. Die andere Hälfte fungierte als Kontrollgruppe und erhielt den gleichen Workshop im Nachhinein. Beide Gruppen wurden dabei in ihrem Konfliktverhalten miteinander verglichen. Gab es Unterschiede zwischen den beiden Gruppen in der Art, wie sie in einem Setting mit simulierten Nachbarschaftskonflikten konstruktiv oder destruktiv interveniert hatten? Die beiden Modelle (destruktive und konstruktive Intervention) wurden durch ihre unterschiedlichen Annahmen im Hinblick auf das Eingreifen in den Konflikt beschrieben.

Destruktive und konstruktive Intervention

Welche Annahmen sind im Konfliktmanagement dafür entscheidend, ob eine Intervention destruktiv oder konstruktiv wirksam werden kann?

Annahmen destruktiven Eingreifens

1) *Die Konfliktparteien sind grundsätzlich unterschiedlich:* Der Gegner ist fundamental böse. Diese Annahme rechtfertigt die Absicht, den Feind mit aller Macht zu schlagen.
2) *Die Verpflichtung zum Sieg:* Das Ergebnis einer konflikthaften Auseinandersetzung mit einem bösen Widersacher muss dessen Vernichtung sein.
3) *Das Prinzip der Rache:* Es ist die Pflicht der Gerechten, die Ungerechten entsprechend ihrer Schuld zu bestrafen. Vergeltung wird als strategisches und moralisches Erfordernis angesehen.
4) *Der Drang zur Kontrolle:* Der Kampf muss in einer kompletten Kontrolle über den Widersacher enden. Jedes andere Ergebnis würde es dem Kontrahenten ermöglichen, sich zu erholen und den Kampf für seine Ziele wiederaufzunehmen.
5) *Misstrauen und Heimlichkeit:* Die Einstellung gegenüber dem Widersacher ist geprägt von Misstrauen und Heimlichkeit. Das sind zwingende Pflichten, die die Notwendigkeit zeigen, dauernd auf der Hut zu sein.
6) *Das Prinzip der Unverzüglichkeit:* Jeder Moment ist kritisch und jeder Feldzug kann entscheidend sein. Jeder Aufschub, jedes Zögern gibt dem Feind die Chance, uns zu schlagen.

Annahmen konstruktiven Eingreifens

1) *Grundsätzliche Ähnlichkeit und Vielstimmigkeit:* Auf jeder Seite gibt es positive und negative Stimmen. Sogar, wenn der Widersacher bösartig scheint, gibt es auch positive Stimmen aus seinem Lager.
2) *Die Verpflichtung zum Widerstand:* Angesichts von Gewalt besteht eine Verpflichtung, ihr Einhalt zu gebieten – nicht nur durch Versuche zur Überredung oder Versöhnung.
3) *Die Unterschiedlichkeit der Bedeutungen/Mittel (»means«):* Bei einer konstruktiven Intervention verzichtet man auf Vergeltung/Rache zugunsten einer wohlüberlegten Unterschiedlich-

keit der Bedeutungen. Dadurch kann gewaltfreier Widerstand die Gewalt ablösen, und Deeskalation kann eskalierende Angriffe und Provokationen ersetzen.

4) *Das Wissen um die Illusion der Steuerung/Kontrolle:* Der Glaube, wir könnten die Haltung und Handlungsweise unseres Widersachers bestimmen, ist illusorisch. Wir haben für unser eigenes Handeln ein bestimmtes Maß an Kontrolle, aber unser Einfluss auf andere ist bestenfalls partiell oder zufällig.
5) *Öffentlichkeit und Transparenz:* Öffentlichkeit und Transparenz schränken die Gewalt ein und ermöglichen die Mobilisierung von Unterstützung für einen konstruktiven Prozess. Obwohl die Wahl der Transparenz schwierig erscheinen mag: Wenn wir die Geheimhaltung beibehalten, kann das zur Fortsetzung der Gewalt beitragen.
6) *Das Prinzip der Reife:* Die konflikthafte Auseinandersetzung ist kein unmittelbarer und kritischer Test, sondern ein kontinuierlicher Prozess, der die Qualität einer Beziehung definiert. Versuche, andere zu besiegen oder Macht auszuüben, zeitigen keine stabilen Ergebnisse, sondern führen zu einer Verschlechterung der Beziehung. Das Ziel des konstruktiv Intervenierenden ist es, entschlossen und standhaft zu sein und so lange Widerstand gegen die Gewalt zu leisten, bis positive Prozesse reifen und fruchten können.

Ergebnisse der Studie

Bei der Gruppe, die im Vorfeld den Workshop absolvierte, ließ sich gegenüber der Vergleichsgruppe zwar nur eine geringfügige Änderung in Richtung auf eine konstruktive Einstellung dokumentieren, dafür zeigte sich allerdings ein signifikanter Unterschied, was die Fertigkeiten zur kreativen Konfliktintervention betraf. Hier schnitten diese Polizisten deutlich besser ab als ihre Kollegen, die den Workshop erst im Nachhinein absolvierten. Das heißt: Nach dieser Studie führte der Workshop zu besserer Performance, allerdings nicht zu einer parallel verlaufenden Änderung der inneren Einstellung. Eine mögliche Erklärung für die Diskrepanz zwischen Veränderung der Einstellung und Verbesserung der Fertigkeiten liegt in einer gewissen Skepsis, ob diese Herangehensweise nicht doch Schwäche repräsentiere: »Wenn wir nicht strafen, denkt er, er hätte gewonnen« oder »Wenn wir so handeln, denkt sie, wir wären schwach«. Deshalb wird man sich Gedanken über die positive Präsentation der Methode machen müssen und sollte das Thema Stärke vertiefend diskutieren.

Es ist anzumerken, dass die vorliegende Studie nicht auf einer Untersuchung im Berufsfeld beruht, sondern lediglich auf einer gestellten Simulation. Sie lässt sich aber als Pilotstudie betrachten – mit dem Ergebnis, dass Fertigkeiten zur kreativen Konfliktintervention in einem kurzen Zeitraum erlernbar sind.

Schlussfolgerungen für Führungskräfte

1) Professionelle Fertigkeiten zur gewaltfreien und nachhaltigen Lösung von Konflikten lassen sich schnell erlernen.
2) Annahmen über die Konfliktparteien und die eigene Rolle entscheiden über die Herangehensweise zur Konfliktregulierung.
3) Es bedarf zusätzlicher Ausbildung und regelmäßiger Reflexion, um eine Änderung der Einstellung zu erwirken.

Fazit: Es erscheint wichtig, nicht nur Skills für ein Konfliktmanagement zu erlernen, sondern in einem kontinuierlichen und längerfristigen Prozess auch eine entsprechende Änderung der inneren Einstellungen zu erwerben.

5.2 Dialogbereit: Der offene Dialog

»Der Dialog vermag Menschen in Resonanz zu bringen.«
David Bohm

Ein Dialog beginnt dort, wo die Diskussion endet. Der Dialog erweitert Horizonte, wenn er offen und respektvoll geführt wird, wenn man aufeinander hört und gemeinsam nach Lösungen sucht. Es geht dabei vielmehr um Aufmerksamkeit und Achtsamkeit als um Techniken. Ich möchte hier aber auf ein besonders wertvolles Dialogkonzept hinweisen:

Jaakko Seikkula (2015), Professor für Psychotherapie, entwickelte ein Gesprächsmodell, das im psychosozialen Umfeld herausragende Dienste leistet und in seiner Heimat Finnland bereits rasante Verbreitung gefunden hat. Er nennt es *open dialogue*. Ich wende dieses Modell mit wachsender Begeisterung als Intervention in komplexen Mehrpersonengesprächen an. Die Ergebnisse können sich sehen lassen. Warum sollte es nicht auch in schwierigen Alltagssituationen von Führungskräften gute Dienste leisten?

Das übergeordnete Ziel besteht darin, nicht die Personen zu verändern, sondern sie miteinander im Gespräch zu halten. Dann tauchen wie von selbst alternative Möglichkeiten und Lösungen auf. Besonders gut lässt sich das Modell zur Konfliktklärung und zur Konstruktion neuer Möglichkeiten einsetzen oder, wenn viele verschiedene Meinungen eine Vorwärtsbewegung einschränken.

Folgende sieben Regeln sind für den offenen Dialog typisch:

1) Alle für das Thema wichtigen Personen werden zum Gespräch eingeladen, nach dem Motto: »Wer könnte etwas Nützliches dazu beitragen?«
2) Jede Stimme wird gehört, insbesondere die leisen. Keine Diskussion, keine Wertung – Zuhören ist gefragt.
3) Das Hauptprinzip lautet: Unsicherheit aushalten! Das heißt: keine vorschnelle und unreife Entscheidung, keine einseitigen Erklärungen, keine raschen Problemrahmungen und -definitionen, keine voreiligen Diagnosen. Wichtig ist, dass der Dialog aufrechterhalten und gefördert wird, so können in dessen Verlauf Lösungen wie von selbst auftauchen. Geduld ist besonders gefragt, gerade für die Ungeduldigen ist dies eine Herausforderung. Vorschnelle Fokussierung auf Ergebnisse oder Entscheidungen frieren nämlich die Kreativität ein, lassen das Gespräch festfahren oder stocken und verderben eine organische Lösungsbildung.
4) Jeder Gesprächsteilnehmer hat das Recht auf seine persönliche Sichtweise. Gehört zu werden ist der Kern einer dialogischen Beziehung. Für einen Menschen gibt es kaum etwas Schlimmeres als nicht verstanden zu werden bzw. keine Resonanz zu bekommen.
5) Verstehen hat eine große konfliktlösende Wirkung: »Ich habe das so und so verstanden – verstehe ich dich richtig?«
6) Unsere Gefühle sind handlungsleitend. Die Intuition lässt sich dabei als besondere Inspirationsquelle nutzen und darf deshalb nicht vom Intellekt überformt oder unterdrückt werden.
7) Der gegenwärtige Moment: Durch den verstehenden Dialog entsteht Verbundenheit. Diese ermöglicht unter Umständen mehr an Veränderung als alles Nachgrübeln, Erklären oder Anordnen.

Der offene Dialog ist kein Streitgespräch und auch keine Diskussion, er entspricht einer ganzheitlichen Gesprächskultur. Die Gesprächspartner begegnen einander offen und respektvoll, lernen, aufeinander zu hören sowie miteinander zu denken, und finden gemeinsame Wege und Lösungen.

> **Fazit:** Der offene Dialog führt direkt ins Land der Möglichkeiten, wenn man etwas Geduld aufbringt und sich an die Regeln hält. Der Dialog beginnt dort, wo die Diskussion aufhört.

5.3 Lösungsfokussiert: Führen mit dem Lösungsfokus

»Einer Lösung ist das Problem egal.«
Steve de Shazer

Führungskräfte stehen im Allgemeinen vor der Aufgabe, Menschen mit divergierenden Blickwinkeln und Erfolgsbildern in eine bestimmte Zielrichtung zu bewegen, um die gestellten Aufgaben in Kooperation zu meistern. Die Ausgangssituation ist aber oft so, wie in Abbildung 21 dargestellt.

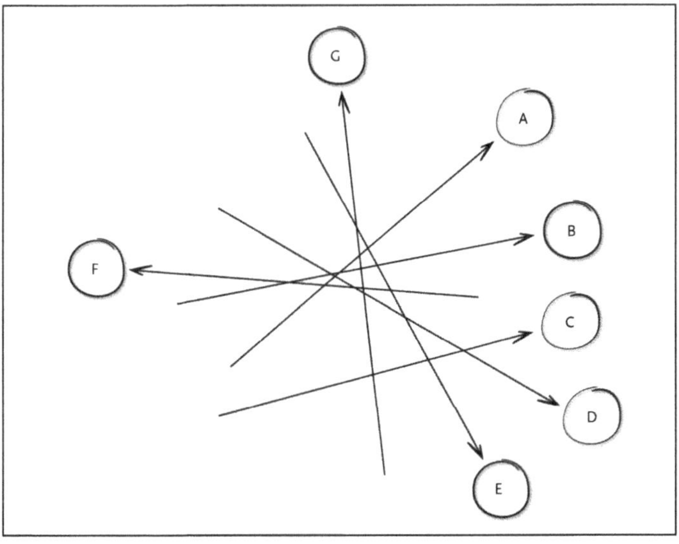

Abb. 21: Energien und Vorstellungen

Die Pfeile signalisieren die Energierichtungen der Teammitglieder. Die Kreise symbolisieren deren Vorstellung, wie es in diesem Team am besten sein könnte und sollte. Es geht um individuelle Zielbilder, um Erwartungen, um angestrebte Qualitäten der Kooperation. Kurz: Es geht um alles, was die Teammitglieder in ihrem Kopf und Herz unter ihrem individuellen Erfolgskonzept subsumieren. Bedauerlicherweise kommt es selten dazu, dass sich die Teammitglieder untereinander über ihre eigenen Erfolgskonzepte austauschen. Viele tun das ein Arbeitsleben lang nicht. Dies führt in der Regel zu Missverständnissen in den Beziehungen untereinander, zu Unterstellungen bis hin zu Konflikten. Sie kennen sicher die beispielhafte Episode von Paul Watzlawick, die er häufig in seinen Vorträgen erzählte: Es geht um ein altes Ehepaar, das sich seit Jahrzehnten zum Frühstück eine Semmel teilt. Der Mann schneidet die Semmel durch und bestreicht beide Innenseiten liebevoll mit Butter. Obwohl er eigentlich gerne die obere Hälfte der Semmel essen würde, reicht er sie jedes Mal seiner Frau, weil er denkt, auch sie hätte sie gerne. Er selbst behält die Unterseite, die jedoch wiederum seine Frau viel lieber hätte. Diese sagt aber nichts und hofft, dass ihrem Mann dieser Umstand hoffentlich bald auffallen würde. Sie unterdrückt ihre Enttäuschung und den daraus resultierenden Ärger. So geht das Tag um Tag, Jahr um Jahr. An ihrem 50. Hochzeitstag kommt es schließlich zur Eskalation: Als der Mann ihr – diesmal sogar besonders feierlich – wieder die obere Hälfte mit freundlichem Lächeln reicht, fühlt sich die Frau nun endgültig aufs Äußerste provoziert, wirft ihm die Semmel an den Kopf und beschimpft ihn wegen seiner mangelnden Einfühlsamkeit.

Dieses Muster prägt viele Beziehungen, im Privatleben wie auch in Organisationen. Es fehlt der Austausch über Erwartungen, Einstellungen, Ziele usw.

Betrachtet man die Pfeile in der Abbildung, so lässt sich darauf schließen, dass die Vorwärtsbewegung in diesem Team zumindest eingeschränkt ist. Die Menschen sagen dann oft am Abend »Heute ist es nicht viel weitergegangen« oder »Es war heute wieder sehr mühsam«. Dabei kann man in diesem Team niemandem etwas vorwerfen, denn jeder erledigt seine Arbeit, so gut er kann, weil er sich von seinem jeweiligen Erfolgsbild (A–G) leiten lässt. Wir haben es mit verkürzter bzw. intransparenter Kommunikation zu tun. Will man als Führungskraft hier Abhilfe schaffen und die Kooperation verbessern, kann das dialogische Erarbeiten einer gemeinsamen Perspektive gute Dienste leisten.

Im Leadership geht es um die Bildung und konsequente Lenkung eines gemeinsamen Aufmerksamkeitsfokus und um die Beeinflussung der Kommunikation. Dabei erscheint mir wichtig, sich für den Lösungsfokus zu entscheiden und nicht für einen Problemfokus. Der Lösungsfokus wirkt als vereinbarter Zielrahmen (globales Ziel) und schafft die Voraussetzungen dafür, dass sich die Energien der Beteiligten darauf ausrichten und ihre Kräfte bündeln (s. Abb. 22). Einer erfolgreichen Vorwärtsbewegung steht nun nichts mehr im Wege. Die Arbeit wird für alle leichter und befriedigender. Gelingt es Führungskräften, den Lösungsfokus zu finden und ihr Team darauf zu »committen«, wird sich eine deutlich gestärkte Ökologie positiv bemerkbar machen. Wenn sich alle besser und zufriedener fühlen, wird dieser Umstand einer Zuschreibung von Neuer Autorität zuträglich sein.

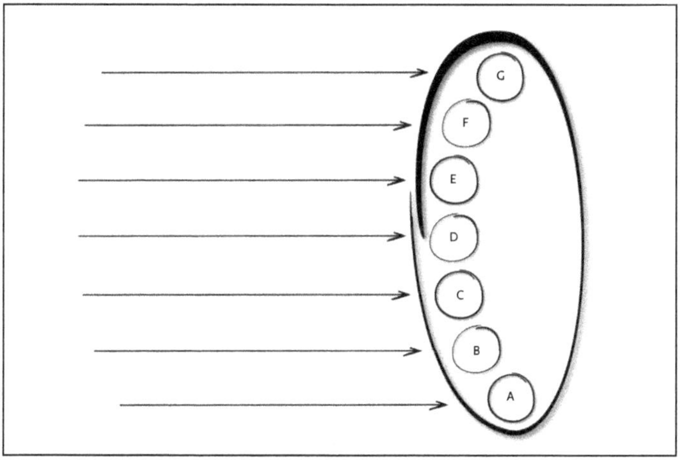

Abb. 22: Lösungsfokus – globales Ziel

Problemgespräche vs. Lösungsgespräche

Wenn wir über Probleme reden, wollen wir wissen, woher sie kommen. Wenn wir über Ziele und Lösungen sprechen, wollen wir wissen, wie wir sie erreichen können (s. Abb. 23, S. 100). Ein altes Prinzip lautet: Das, worauf wir unsere Aufmerksamkeit fokussieren, wird stärker. Führungskräfte haben es also in der Hand: Legen sie den Fokus auf Probleme oder auf Ziele? Das ist eine bewusste Entscheidung.

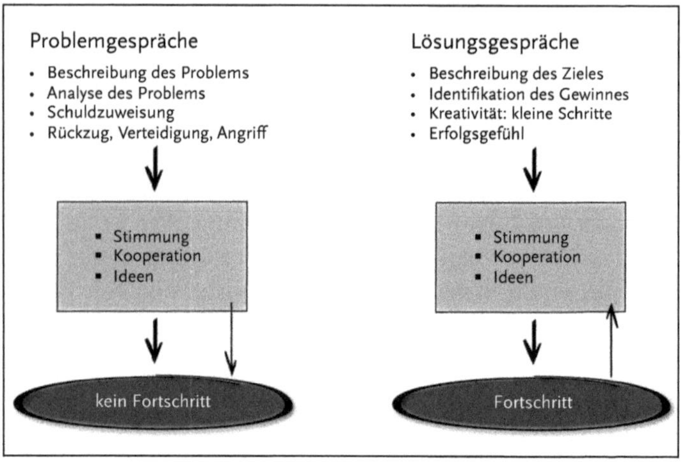

Abb. 23: Problemgespräche vs. Lösungsgespräche

Fazit: Während Problemgespräche sehr leicht in den Problemteufelskreis kippen können, führen Lösungsgespräche in eine Vorwärtsbewegung. Man kann bei einer Kommunikation unter dem Lösungsfokus nichts falsch machen.

Wünsche-Meetings

Ich habe in einem großen Veränderungsprojekt in meiner damaligen Funktion als Geschäftsführer die beteiligten Keyplayer zu einer Serie von Gesprächen eingeladen und sie dabei einfach gebeten, ihre Wünsche im Rahmen dieses Projekts zu äußern. Nach anfänglichem Zögern brachten sie nach und nach ihre Wünsche vor: größere und kleinere. Die Spielregel war einfach: Die Geschäftsleitung hörte jeden Wunsch mit Interesse an und entschied zeitnah über seine Realisierung. So ließen sich die meisten Wünsche auch tatsächlich erfüllen. Erschien der Geschäftsleitung die Erfüllung in Einzelfällen nicht möglich, gab es dazu eine wohlwollende Stellungnahme, Alternativangebote oder eine Ablehnung, aber jeder Wunsch wurde beantwortet. Die Gespräche wurden von Mal zu Mal dynamischer, und es entstand ein konstruktiver Dialog, der den gesamten Veränderungsprozess lebendiger gestaltete und voranbrachte. Die Mitarbeiter nutzten ihre Einladung zur Partizipation und machten das Projekt zu ihrem eigenen Anliegen.

5.4 Planvoll: Von der strategischen Planung zur evolutionären Planung

»Der mit Abstand wichtigste Raum im Universum ist der zwischenmenschliche.«
Ernst Ferstl

Führungskräfte mit Neuer Autorität wissen, dass sich Organisationen nur bedingt steuern lassen. Diese Erkenntnis soll aber kein Entschuldigungsgrund für fehlende Planung sein. Manager müssen planen. Auch hier haben sie es wieder mit harten und weichen Wirklichkeiten zu tun, die man als quantitative und qualitative Faktoren bezeichnen kann. Während sich quantitative Faktoren wie Umsätze, Budgets, Gewinn, Cashflow usw. leicht zu Papier bringen lassen (ob sie dann allerdings so eintreffen, steht oft auch auf einem anderen Blatt), kann man weiche Faktoren (wie der »Markt«) nicht so leicht fassen und vorhersagen. Auf dem Markt begegnen sich immer Beobachter (Käufer und Verkäufer), die Waren oder Dienstleistung nachfragen oder anbieten, ihnen einen Namen geben und sie schließlich kaufen oder verkaufen. Wenn sich die Bedürfnisse und Bewertungen dieser Beobachter ändern – und das tun sie mit Sicherheit –, so ändert sich der Markt: das Musterbeispiel einer weichen Realität.

Planung im wirtschaftlichen Bereich und ganz allgemein innerhalb menschlicher Beziehungen muss mit der grundsätzlichen Schwierigkeit umgehen, dass diese Dynamik etwas Unberechenbares hat und Vorhersagen deshalb schwierig sind.

> »In wirtschaftlichen Prozessen geht es nicht so sehr um sachliche Entscheidungen, sondern um die Wirkungen der Beobachtung von Beobachtern, die Beobachter beim Beobachten beobachten. Wenn Beobachtung in der Lage ist, Realität zu verändern, so sollte sie geplant werden. Nur ist das Planen eben nicht so simpel wie das Planen des Ingenieurs, der ein Haus zu bauen hat und sich darauf verlassen kann, dass Mauersteine nicht plötzlich ängstlich reagieren und keinen Mörtel mehr konsumieren, um in schlechten Zeiten mobil zu bleiben und sich nicht auf unnötige Bindungen einzulassen« (Simon u. CONECTA 1992, S. 109).

Der Begriff »strategische Planung« greift auf die Militärsprache zurück: Strategie für den Feldzug. Er impliziert damit für strategisches

Handeln Begriffe wie Krieg, Feldherr, Feind, Sieg oder Vernichtung. Die alte Autorität lässt grüßen. Für planerisches Handeln von Führungskräften unter Neuer Autorität schlage ich den Begriff »evolutionäre Planung« vor, den meine Kollegen aus der Wiener Beraterfirma CONECTA geprägt haben.

> »Denn Überleben, Wachstum und Florieren eines Unternehmens folgt viel eher den in der Evolutionstheorie beschriebenen Selektions- und Veränderungsprinzipien als (nur) den Regeln der Kriegsführung. Die Überlebenseinheit in biologischen Evolutionsprozessen ist nie allein eine Art oder Gattung, sondern immer Art oder Gattung plus Umwelt. Dasselbe Prinzip gilt auch für Unternehmen. Als Überlebenseinheit sollte nie das Unternehmen allein betrachtet werden, sondern stets das Unternehmen zusammen mit seinen verschiedenen Umwelten (Märkte, Mitarbeiter usw.). Ohne diese Umwelten kann auch das Unternehmen nicht überleben. [...]
>
> Planung erfordert also Abwägen, Verharren und Besinnung. Um der Gefahr einer zu großen oder zu geringen Reduktion der Komplexität zu begegnen, empfiehlt es sich ganz generell, Planung durch Gruppen vornehmen zu lassen, in denen möglichst viele der potenziell relevanten Faktoren für die Entwicklung des Unternehmens, seien sie innerhalb oder außerhalb der Organisation lokalisiert, seien sie Elemente des Systems oder der Umwelt, repräsentiert sind. Es geht darum, Konflikte und Unsicherheit zu organisieren, die Sichtweisen der [...] Akteure aufeinanderprallen zu lassen. Nur so kann die Wahrscheinlichkeit erhöht werden, dass ein breitgestreutes, aber zwangsläufig immer beschränktes, Fachwissen optimal genutzt wird und die Umweltbedingungen angemessen erfasst werden. [...] Die Chance solcher reflexiven Gruppenprozesse liegt darin, dass Einäugigkeit verhindert und nicht funktionale Handlungen verzögert und vermieden werden« (ebd., S. 109 f. u. 113 f.).

Als Kontrast zu einer strategischen Planung habe ich – besonders in Familienbetrieben – eine Allianz des Nichthinschauens (auf das Unternehmen und seine Umwelten) zwischen Eigentümer/Geschäftsführer (oft: Firmengründer), Steuerberater und Hausbank erlebt, zum Teil mit fatalen Folgen.

Für einen transparenten und multiperspektivischen Planungsprozess bietet sich der offene Dialog an, geleitet von einem guten Moderator als Dialogbegleiter.

> **Fazit:** Wenn man auf einen soliden evolutionären Planungsprozess zugreifen kann, nährt dies die Entschiedenheit der Führungskraft und stärkt sie in ihrer Neuen Autorität.

5.5 Empathisch: Empathie und Achtsamkeit für einen fruchtbringenden Austausch

»Je mehr die Mitarbeitenden gehört werden, umso mehr werden sie ihre Führungskräfte hören.«
Marshall B. Rosenberg

Die Neue Autorität gründet sich zu einem wesentlichen Teil auch auf Empathie.

> »Nur wer seine Mitarbeiter […] versteht, kann wissen, was sie wollen, und sich damit innerhalb der Organisation nützlich machen. Empathie setzt voraus, dass ich meinen Standpunkt verlasse, mich in die andere Person hineinversetze. Das klingt anspruchslos, doch gehört der Perspektivenwechsel zu den Aufgaben der Meisterklasse. Um in einen fremden Kopf zu schlüpfen, brauche ich Distanz zu mir und meiner Arbeit« (Kitz 2017, S. 24).

Empathie hat eine besondere Wirkung auf die Menschen, denen sie entgegengebracht wird. Fühlen die Menschen sich von ihren Führungskräften verstanden, weil sie ihnen wirklich gut zuhören und sich in sie hineinversetzen können, entfalten sie ihr volles Potenzial, sie können vermeintlich unlösbare Herausforderungen angehen und scheinbar Unbewältigbares bewältigen. Empathische Führungskräfte erhalten dafür von ihren Mitarbeitern einen wichtigen Einblick in ihre Welt, in ihre Möglichkeiten und Stärken zugeschrieben. Das empathische Zuhören führt dazu, dass man sich mit den Gefühlen und Bedürfnissen, also der lebendigen Energie hinter den Worten, gleichsam verbindet. Daraus resultiert in der Regel ein fruchtbringender Austausch.

Empathie macht aber auch verletzlich, und das steht manchmal im Widerspruch zu einem (alten) Rollenverständnis, bei dem es um ein starkes Image geht, wie wir das als Angst vor Kontrollverlust bei der alten Autorität hinreichend kennen. Ich habe viele Führungskräfte erlebt, die zu ihren Mitarbeitern zwar sehr empathisch, sich selbst gegenüber aber überkritisch eingestellt waren. Das hat sie beeinträchtigt und geschwächt. Denn wenn eine Führungskraft mit sich allzu selbstkritisch oder gar abwertend umgeht, ist es schwierig, auf andere empathisch zu wirken. Deshalb ist die Fähigkeit zur Selbsteinfühlung, also zur Empathie mit sich selbst, für Führungskräfte sehr wichtig. Dadurch erlangen sie Stärke und Sicherheit als wichtigstes Fundament für die Neue Autorität. Die Zwillingsschwester der Empathie ist die Achtsamkeit.

Fazit: Menschen wachsen immer wieder über sich hinaus, wenn man ihnen empathisch zuhört. Wenn Führungskräfte zusätzlich auch noch Selbsteinfühlung entwickeln, so verleiht ihnen das natürliche Stärke (Rosenberg 2016, S. 113–136).

6 Vorsicht, Falle! – Beispiele aus der Praxis

Hier präsentiere ich Ihnen die attraktivsten Führungsfallen, in die auch gestandene Führungskräfte gerne hineintappen.

Falle: Ohr an die Basis legen

Häufig findet man bei Führungskräften das Bedürfnis nach »ungefilterter« Information. Sie spüren ein gewisses Unbehagen und wollen sich nicht mit dem zufriedengeben, was ihnen von der untergeordneten Berichtsebene an Information angeboten wird. Der hehre Wunsch nach Wahrheit treibt sie dann an die Basis, um sich ein Bild vor Ort zu machen. Aber häufig zeigt sich, dass aus einer guten Absicht unangenehme Auswirkungen resultieren. Denn anstatt der Wahrheit auf den Grund zu gehen, erhalten Führungskräfte von den Befragten strategische Antworten – besonders unter vier Augen. Es ist manchmal, wie ein Stich in ein Wespennest, insbesondere dann, wenn die Betroffenen unter ungelösten Problemen leiden. Sie präsentieren dann ihre meist vielfältigen Lösungsansätze. Geschieht das hinter dem Rücken ihres direkten Vorgesetzten, hat dieser keine Möglichkeit zur Stellungnahme und wird dadurch in seiner Position geschwächt. Bei den Mitarbeitern wächst nun die Hoffnung auf Abhilfe, bei der wahrheitssuchenden Führungskraft hingegen der Druck auf Erfüllung der Erwartungen, bei dem oder den Übergangenen entsteht Frustration und Misstrauen. Komplizierte Konflikte (bei denen z. B. unklar ist, wer mit wem welchen Konflikt hat) sind die Folge, und ihre Auflösung gestaltet sich schwierig. Wenn auch nicht unbedingt die Wahrheit ans Tageslicht gekommen ist, so doch vielleicht die Erkenntnis, dass Führungskräfte von der Information ihrer nächststehenden Berichtsebene abhängig sind und ein Übergehen zur Schwächung des Systems und der Autorität führt. Bei der dringend notwendigen Konfliktklärung ist jedenfalls an der hierarchisch obersten Stelle zu beginnen.

Falle: Unordnung im System erzeugen

Die kollegiale Leitung einer Klinik berichtet von exzellenten Zufriedenheitswerten der Patienten, jedoch eher schlechten der befragten Mitarbeiter. Diese Diskrepanz führt zu Betroffenheit bei den Leitenden, die sich mit viel Engagement der Perfektionierung von harten

Faktoren ihrer bisher so erfolgreichen Klinik verschrieben haben: eine fein ausgearbeitete Strategie für alle Bereiche, systematisches Controlling, akribisches Qualitätsmanagement, kurz gesagt, alle erdenklichen Faktoren, die eine moderne Klinik ausmachen.

Das lässt den Schluss zu, dass die für die Kundenzufriedenheit Zuständigen, nämlich die Mitarbeiter, ihre Arbeit gut machen – sehr gut sogar, wie die Patienten betonen. Allerdings sind die Mitarbeiter mit ihrem Arbeitsumfeld und insbesondere mit der Hierarchie nicht besonders zufrieden. In einer ersten Reaktion entscheidet sich das Management für ein Führungskräftetraining, das allerdings keine signifikante Verbesserung des Zufriedenheitswertes erbringt. In einem moderierten Gespräch (offener Dialog) konnten die Mitglieder der kollegialen Leitung und die Stellvertreter ihre jeweiligen Sichtweisen präsentieren – sie waren divergent. Auf die Frage, wie sie denn von Problemen ihrer Mitarbeiter erfuhren, wurde klar, dass Mitarbeiter hauptsächlich informelle Wege nutzten, um ihre Beschwerden anzubringen, und dabei auch noch die hierarchischen Bereiche (Pflegedienst, ärztlicher Dienst, Verwaltung) umgingen, um eine Veränderung einzuleiten: Ärzte konnten sich z. B. bei der Pflegedienstleitung beschweren, Mitarbeiter aus dem Pflegedienst beim ärztlichen Leiter und Mitarbeiter aus allen Bereichen bei der Verwaltungsleitung, die extra eine wöchentliche Beschwerdestunde eingeführt hatte, die auch stark frequentiert wurde. Die von den Mitarbeitern geäußerten Wünsche und Beschwerden setzten ähnlich wie im Beispiel »Ohr an die Basis legen« die Adressaten unter Druck. Sie hatten die Wahl zwischen dem Konflikt mit den Kollegen und der Errichtung eines Tabus auf der obersten Führungsebene, wenn sie die ihnen zugetragenen Beschwerden auf dieser Ebene verschwiegen. Die Organisation hatte dabei ihre Ordnung eingebüßt: die Führungskräfte waren geschwächt. Erst als sie sich entschieden, Beschwerdeführer zu ihren direkten Vorgesetzten zu lotsen, kehrte Ruhe und Ordnung ein. Dieser Prozess verlangt sehr viel Disziplin, bedeutet aber einen Zugewinn an Neuer Autorität.

Falle: Intransparenz begünstigen

Der Leiter eines Montage-Pools beklagt sich über die zunehmende Verschlechterung des Arbeitsklimas in seinem Team mit 20 Monteuren, die jeweils in Zweiergruppen an ihre Einsatzorte fahren. Er führe das auf den schlechten Einfluss von zwei Monteuren zurück. Er sagte, die beiden seien wie »faule Äpfel«, und er befürchte, dass sie die anderen mit ihrer »Fäulnis« ansteckten. Drei Monteure hätten bereits gekündigt. Auf meine Frage, wann dieser Prozess begonnen hätte, meinte er, dass ihm das vor etwa einem Jahr zum ersten Mal aufgefallen sei. Die weitere Frage, ob es eine regelmäßige Besprechung mit allen Monteuren gebe, brachte ihn in Verlegenheit. Es hätte so eine Besprechung – zwar mit informellem Charakter – bis vor eineinhalb Jahren gegeben: Jeden Freitag um 18:00 Uhr hatte eine Zusammenkunft mit allen Monteuren stattgefunden, die von ihren Außeneinsätzen zurückkamen. Dort hatten sie über Probleme berichtet, und man hatte sich über Aktuelles ausgetauscht. Diese Besprechung gebe es nicht mehr, er habe dafür private Gründe. Er kommuniziere aber alles sorgfältig per E-Mail und halte viel telefonischen Kontakt. Natürlich gebe es weiterhin auch persönliche Gespräche mit Einzelnen. Ich schlug vor, sich mit allen Monteuren an einem Freitag um 18:00 Uhr zu einem Gespräch zusammenzusetzen. Ich fragte die Anwesenden ohne Umschweife, welche Wünsche sie für ihr Team hätten. Sie überlegten eine Viertelstunde in Kleingruppen und präsentierten anschließend ihre Ergebnisse: Wenig überraschend war, dass man die abgeschaffte Besprechung in einer gestrafften Form (mit kürzerer Agenda) wiederhaben wollte. Es gab auch noch eine Reihe von weiteren nützlichen Vorschlägen zur Verbesserung des Informationsflusses. Das gute Klima, in dem das Gespräch stattfand, überraschte den Montageleiter, und er kam den Wünschen seiner Leute so gut er konnte nach. Das »Freitag Jour fixe« wurde wiedereingeführt und die Agenda straffer abgehandelt. Das Klima verbesserte sich spürbar, weitere Kündigungen blieben aus.

Falle: Ausschließlich Vieraugengespräche praktizieren

Der Chefarzt einer Klinik beschwerte sich über Mobbing in seinem Oberärzteteam. Auf meine Frage, was er denn tue, wenn er ein Team führe, antwortete er gereizt, für Kindereien hätte er keine Zeit. Er und sein Team retteten Leben. Ich müsste wissen, dass seine Oberärzte fachlich hochqualifiziert seien, zum Teil sogar ein Doppelstudium abgeschlossen hätten und daher wissen müssten, was sie zu tun hätten. Das hier sei ja schließlich kein Kindergarten. Die Frage, ob es eine regelmäßige Besprechung mit allen Oberärzten gäbe, nickte er selbstbewusst ab. Nur der bei diesem Gespräch anwesende Stellvertreter widersprach und erklärte: Es gebe einen Termin für die Besprechung, der Chefarzt gehe auch zeitgerecht zum Besprechungsraum, der sich am anderen Ende der Etage in der ziemlich großen Klinik befinde, aber er komme dort niemals an. Warum? Jeder, der ein Anliegen hatte, versuchte, den Chefarzt auf seinem Weg zum Besprechungsraum zu treffen, um es mit ihm unter vier Augen zu klären. Dies nehme unterschiedlich viel Zeit in Anspruch, weshalb er nie im Besprechungszimmer ankäme. Dort wartete deswegen auch niemand – mit Ausnahme der jüngsten Oberärztin, die die Hoffnung nicht aufgegeben hatte, ihr Chef würde doch noch kommen. Sie war es auch, die von den anderen gemobbt wurde. Wie sich in einem von mir moderierten Team-Meeting zeigte, forderte sie Transparenz, zeigte konsequent Probleme auf und beantragte Entscheidungen. Dadurch machte sie sich unbeliebt und wurde wegen ihrer guten Absichten gemobbt. Bedauerlicherweise hatte sie schon geraume Zeit vor dem Meeting beschlossen, das Team zu verlassen.

Falle: Change-Prozess per Dekret verordnen

In einer öffentlichen Verwaltung wurde ein Change-Prozess sehr rasant durchgepeitscht. Die verantwortliche Führungskraft versuchte, die organisationale Änderung per offiziellem Dekret und auf schnellstem Wege zu bewerkstelligen (erste Kränkung). Hochglanzprospekte verkündeten vorschnell diesen Erfolg. Die »neue« Organisationsform wurde in ein juristisches Vertragswerk gegossen, das die Führungskräfte zu unterschreiben hatten (zweite Kränkung). Sie fügten sich – allerdings mit Groll. Es gab keine Möglichkeit, Feedback zu geben, Anmerkungen zu machen oder Nachjustierungen vorzunehmen. Der Widerstand in der Organisation stieg unaufhaltsam an, fand aber kein Ventil, den Druck abzulassen. Die Führungskraft blieb weiterhin resistent gegen Nachbesserungsvorschläge, obwohl sie ein »Grundrauschen« in der Organisation vernahm. Als Intervention verordnete sie allen ihren Mitarbeitern einen KVP (kontinuierlichen Verbesserungs-Prozess), in dem jeder mindestens einen Vorschlag pro Jahr einzubringen hatte (dritte Kränkung). Zudem kam der Chef auf die Idee, es fehle seinen Führungskräften an den erforderlichen Fertigkeiten. So verpflichtete er alle Führungskräfte zu einem entsprechenden Skills-Training, um die für die neue Organisationsform vermeintlich erforderliche Befähigung zu erwerben und zu festigen (vierte Kränkung). Das Ergebnis: Das Training scheiterte. Die Trainer der einzelnen Module waren mit äußerst zynischen Teilnehmenden konfrontiert, die diesen Nebenschauplatz offensichtlich zur Druckentlastung umfunktioniert hatten. Einzelne Trainings wurden wegen der einsetzenden Eskalation sogar abgebrochen, bis man verstand, worum es eigentlich ging und welche Bedürfnisse der Führungskräfte bisher ungestillt blieben. Der Chef beharrte aber auf seiner Vorgehensweise. Die Lage blieb gespannt.

Wie man sein Team »ruiniert« – eine paradoxe Anleitung

Hier erfahren Sie, wie Sie diese ziemlich schwierige Aufgabe lösen können:

1) Analysieren Sie jedes Problem sorgfältig, die Beteiligten identifizieren sich dabei als Täter oder Opfer – ein wirksames Mittel für eine schnell eintretende Lähmung.
2) Wenn Fehler auftreten, finden/akzeptieren Sie Erklärungen, warum etwas nicht funktioniert, und erstellen Sie eine lange Liste von negativen Konsequenzen.
3) Durch die Devise »Sparen statt Wirtschaften« entziehen Sie dem System kontinuierlich oder besser spontan/akut die für die Leistungserbringung maßgeblichen Ressourcen.
4) »Divide et impera«: Vieraugengespräche (Ausnahme: Kritikgespräche) stärken das Misstrauen und nähren Verdächtigungen wirksam.
5) »Ohr an die Basis legen«: Besonders effizient ist es, die untergeordnete Führungsebene zu überspringen und direkt an der »Basis« nachzufragen, wie es denn »wirklich« läuft – der Königsweg zur »Wahrheit«.
6) Signalisieren Sie Ihren Mitarbeitern Austauschbarkeit, so halten Sie sie wachsam und konzentriert bei der Arbeit.
7) Reagieren Sie mit der Verordnung neuer Regeln und Ankündigung drastischer Sanktionen, wenn Sie die Selbstorganisation Ihres Teams wahrnehmen. Das Qualitätsmanagement ist dabei sicher behilflich.
8) Versuchen Sie, Konflikte von Einzelnen im Plenum des Teams zu lösen – ein klärendes Gewitter in einer schwülen Arena. Ob sich nachher alle wieder ganz liebhaben, ließ sich bisher nicht eindeutig nachweisen.
9) Wirken Sie bei der Zielformulierung (Strategiebildung) für Ihr Team auf der nächsthöheren oder entsprechenden Ebene nicht mit. Die da oben müssen es ja schließlich wissen, das ist deren Sache!

10) Erzwingen Sie Kritikgespräche in emotional geladenen Situationen. Hier sind Kränkungen viel wirksamer, weil spontan – ohne lange zu überlegen – agiert wird, quasi »aus dem Bauch heraus«.
11) Verordnen Sie Aus- und Weiterbildung! Verpflichten Sie Mitarbeiter mit Defiziten zu Skill-Trainings – die Seminaranbieter werden sich freuen!
12) Wenn etwas nicht funktioniert, versuchen Sie es in der gleichen Weise nochmals – aber diesmal mit mehr Anstrengung und drohen Sie Konsequenzen an … Und last but not least: Zeigen Sie niemals Anerkennung, sie könnte missverstanden werden. Denken Sie daran: »Nicht geschimpft ist genug gelobt!«

Fazit: Meist genügt es nicht, die Punkte 1–12 in Einzelaktionen umzusetzen. Wer sein Team wirklich ruinieren will, weiß: Eine kreative Kombination mehrerer Interventionen zeigt eher Wirkung. Mit Hartnäckigkeit, ausdauernder Übung und unermüdlichem Krafteinsatz ist es dann zu schaffen!

7 Beratung, die stärkt

Beratung muss zur Stärkung der Neuen Autorität von Führungskräften und zu einer deutlichen Verbesserung der Ökologie bei den Betroffenen beitragen, das sind ihre übergeordneten Ziele. Beratung darf Führungskräfte keinesfalls schwächen. Diese Gefahr besteht immer dann, wenn der Berater sich in seiner Rolle Kompetenzen anmaßt, die nur Führungskräften zustehen: z. B. Bewertungen vornehmen oder Entscheidungen für das System treffen. Dann entsteht leicht Konfusion, und die schwächt nicht nur die Führungskraft, sondern das ganze System.

Schwächung entsteht im Allgemeinen schon, wenn der Beratende in einer Analysephase versucht, durch viele Vieraugengespräche die »Wahrheit« der Situation zu erfassen. Auch für den Berater gilt: Vier-Augen-Interviews führen selten zu »Objektivität«, sondern eher in die Klemme. Die »objektive Wahrheit« ist ohnehin keine systemische Kategorie. Es kommt vielmehr darauf an, mit den Beteiligten eine neue Wirklichkeit, ein positives Szenario, zu konstruieren. So können alle eine gemeinsame Perspektive entwickeln, die sie am ehesten in die gewünschte Vorwärtsbewegung bringt. Das ist für mich die Bedingung für einen gemeinsamen Weg, auf dem man das Ziel auch sicher erreichen kann.

Als Voraussetzung dazu muss der Berater in der Lage sein, konstruktive Mehrpersonengespräche zu führen und dabei anfängliche Widersprüchlichkeiten auszuhalten. Er muss auch der Einladung widerstehen, in den Problemteufelskreis miteinzusteigen und dort eine oder mehrere Runden zu drehen. Eine Analyse in der stillen Kammer des Beraters führt anschließend selten zu einem Beratungsprozess, den die Betroffenen gerne mittragen. Auch eine noch so ausgeklügelte Expertise birgt in sich das Potenzial zur Kränkung, wenn die Mitarbeiter nicht daran beteiligt waren oder sie nicht mit ihnen abgestimmt wurde. Vorschnelle Diagnosen (»Ich weiß, was für das System gut ist«) führen ebenfalls in den Widerstand – zu Recht. Schlechte Berater liefern Erklärungen anstatt Lösungen und erzeugen damit manchmal neue Probleme, die die Betroffenen noch nicht hatten, bevor sie die Beratung in Anspruch genommen hatten.

Gute Beratung führt in jedem Fall zu Lösungen, die eine ökologische Verbesserung mit sich bringen.

Was also versteht man unter guter Beratung? Woran erkennt man sie? Worauf ist zu achten, wenn man einen Berater engagiert?

State of the Art

Reichel (2005, S. 19) definiert Beratung als

> »komplexe zwischenmenschliche Interaktion, die aufgrund einer konkreten Nachfrage in Gang kommt, inhaltlich und zeitlich begrenzt ist und dem Ratsuchenden Freiheit lässt«.

Nach meinem Beratungsverständnis – ich folge dem systemisch-lösungsorientierten Beratungsansatz – handelt es sich dabei um einen Kommunikationsprozess, der den Betroffenen hilft, gemeinsam über Lösungen nachzudenken, statt darüber zu reflektieren, wodurch die Probleme verursacht wurden oder wessen Schuld sie sind. Schuldzuweisungen führen – wie bereits ausgeführt – unvermeidlich zu Kränkungen, die die Kreativität beeinträchtigen, die Motivation stören und eine Zusammenarbeit ersticken. Eine Problemlösung ist in einer solchen Atmosphäre deshalb kaum möglich.

Gute Berater stellen viele Fragen, sie verfügen über ein reiches Repertoire. Die Fragen müssen angemessen sein und respektvoll gestellt werden, man darf dabei auch nicht auf einer Antwort beharren. Die Autonomie der Befragten steht immer im Vordergrund. Durch geschicktes Fragen erhalten sie und die Beteiligten nicht nur Informationen über das System, das sie beraten, sondern sie regen die Menschen auch an, selbst neue Information zu generieren: Information mit dem Charakter von Erstmaligkeit (Weizsäcker u. Weizsäcker 1972, S. 32). Organisationale Entwicklung braucht Erstmaligkeit, also das Neue, das noch nie Gehörte, das bisher noch nie in den Sinn Gekommene. Erst in der Auseinandersetzung damit wird überhaupt ein Veränderungsprozess möglich. Um tragfähige Lösungen zu finden, muss man alle wichtigen Personen ins Gespräch einbeziehen, die Einfluss auf das Ziel haben – nach Fritz Simon (1997) »so wenige wie möglich, aber kein Wichtiger weniger«. Damit muss man auch den Omega-Mitarbeiter, von dem mit hoher Wahrscheinlichkeit unangenehme Beiträge zu erwarten sind, einbeziehen. Ein konstruktiver Dialog kann sich nur entwickeln, wenn die Regel gilt: Jeder hat mit seiner Sichtweise recht und muss gehört werden. Der Berater hat die Aufgabe, dafür zu sorgen, dass jeder zu Wort kommt. Zu Beginn geht es ums Verstehen, nicht um die Wertung oder Diskussion, und der Berater selbst darf natürlich ebenfalls nicht werten. Ist alles zum Thema Relevante, auch Problematisches, ausgesprochen, lenkt der Berater den Blick auf die Zukunft. Es geht um eine Zukunft, die sogar besser ist als erwartet – um eine optimale Lösung. Er gibt damit aber keine Einladung zur Analyse der Vergangenheit und der unvermeidlich daraus entstehenden Kränkungen. »Was möchten Sie erreichen? Was ist ihr Ziel?« Er achtet bei der Zielfindung darauf, dass sich die Beteiligten mit ihrer Zieldefinition nicht zu sehr einengen. Das Ziel darf Unschärfe (z. B. »Wir sind ein optimales Team«) haben und sollte eine gewisse Weite aufweisen (z. B. »Mit effizienter Führung in eine erfolgreiche Zukunft«), damit sich die Gesprächspartner ernst genommen und eingeladen fühlen, ihre jeweiligen Sichtweisen einzubringen. Ist das Ziel gefunden, darf man es während des gesamten Prozesses nicht mehr aus den Augen verlieren. Es sind hauptsächlich die Fähigkeiten, Stärken und Ressourcen des Systems, die Lösungen ermöglichen. Watzlawick (Watzlawick, Weakland u. Fish 1988, S. 105) unterscheidet Lösungen erster Ordnung von Lösungen zweiter Ordnung: Bei Lösungen erster Ordnung geht es um koordinierte Beiträge, um das Erstellen oder Verändern von Regeln, um Klärungen, um das Finden von Konsens. Dabei handelt es sich um vorhersehbare Veränderungen. Lösungen zweiter Ordnung sind hingegen umwälzende, auch plötzliche Veränderungen, die für alle Beteiligten unerwartet eintreten. Sie können ein dramatisches Ausmaß annehmen: Trennung, totale Kursumkehr, Revolution usw.

Die für lösungsorientierte Beratungsansätze charakteristische Strategie der kleinen Schritte (Lösungen erster Ordnung) hat die Funktion, die Dramatik von Lösungen zweiter Ordnung zu mindern. Lösungen sind dann gute Lösungen, wenn sie die Ökologie der Beteiligten spürbar verbessern. Berater wirken ähnlich wie Katalysatoren: Sie leiten einen Prozess zur Lösungsfindung ein, ohne daran (inhaltlich) teilzunehmen. Ihre Aufgabe ist es, Anwalt der Ambivalenz zu sein. Dann eröffnen sich Lösungsoptionen (Groth 2017, S. 122).

15 Kriterien für eine stärkende Beratung

Der Berater

1) findet ein angemessenes Mehrpersonen-Setting nach dem Motto: Wer gehört unbedingt dazu, um die Frage lösen zu können? Und nach der Devise: so wenig wie möglich, aber kein Wichtiger weniger
2) widersteht dem Sog, in den Problemteufelskreis gezogen zu werden
3) gerät nicht in die Falle, Managementaufgaben zu übernehmen (z. B. Entscheidungen anzuschieben) und dadurch die Führungskraft zu schwächen
4) lenkt die Perspektive auf die Zukunft und auf Möglichkeiten
5) lässt ein verbindliches Ziel finden, das von allen akzeptiert wird, den Beteiligten neue Perspektiven eröffnet und eine Vorwärtsbewegung ermöglicht
6) stellt Fragen, die Informationen mit Erstmaligkeit generieren und regt die Auseinandersetzung damit an
7) richtet den Aufmerksamkeitsfokus konsequent auf vorhandene Stärken und Ressourcen des Systems
8) steuert eine Außenperspektive (auch kritische) bei, die den Prozess weiterbringt
9) ist neutral, präsent und agiert auf gleicher Augenhöhe mit den zu Beratenden
10) vertraut auf die Problemlösefähigkeit des Systems
11) entscheidet nicht, sondern respektiert die Entscheidung der Führungskraft und der Betroffenen
12) wahrt die Autonomie der Beteiligten in jedem Fall
13) hält sich an die vereinbarte Zeitdauer für den Beratungsprozess – keine *never ending party* (»Begleitung«)
14) respektiert die Grenzen seines Beratungsauftrags
15) führt achtsam zu Lösungen und damit zu einer Verbesserung der Ökologie aller Beteiligten.

Wirkung

Gelingt es, durch transparente Kommunikationsprozesse eine lohnende Perspektive zu schaffen, Nutzen und Gewinne (oder zumindest keine Verluste) aus der Zielerreichung zu identifizieren, eine Vorwärtsbewegung einzuleiten und für den Weg zur Lösung eigene Ressourcen, Fähigkeiten und Stärken zu mobilisieren, so wird sich die Ökologie der Beteiligten spürbar verbessern. Die Beratenen fühlen sich wieder auf Kurs.

8 Wege aus dem Dramadreieck

Für gewöhnlich folgt man der Annahme, für einen Konflikt genügten zwei Menschen. Bei genauerer Betrachtung ist das wahrscheinlich zu kurz gegriffen – insbesondere, was Interventions- und Lösungsmöglichkeiten anbelangt. Wenn nämlich zwei Personen, A und B, einen Konflikt miteinander haben, so lohnt sich immer der Blick auf eine dritte Person. Und die ist nicht sofort sichtbar, sie befindet sich irgendwo im Hintergrund, wir nennen sie C. Das Besondere ist: Diese Person C hat maßgeblichen Anteil an der Konfliktentstehung und -aufrechterhaltung – und zwar fast immer, ohne dass ihr das bewusst ist, und meist ohne böse Absicht. Dieser C-Position gilt unsere besondere Aufmerksamkeit. Jeder von uns kommt bisweilen in eine C-Position – egal, ob als Führungskraft, Coach, Kollege, Freund, Elternteil oder Partner. Und das bedeutet eine große Verantwortung und einen bewussten Umgang mit dieser Rolle, wie ich im Folgenden zeigen will.

Konflikte entstehen oft aus kleinen Verletzungen. Zum Beispiel: A sagt oder macht etwas, das B als irritierend empfindet. Dabei muss es sich um gar keine große Kränkung handeln, es genügt, wenn B sich in irgendeiner Weise kompromittiert fühlt. Dabei handelt es sich noch lange nicht um einen Konflikt. Diese Minikränkung bringt sehr oft eine dritte Person ins Spiel, weil B sich an sie wendet und ihr von dem Ereignis mit A erzählt. Ab hier haben wir C mit im Spiel (s. Abb. 24).

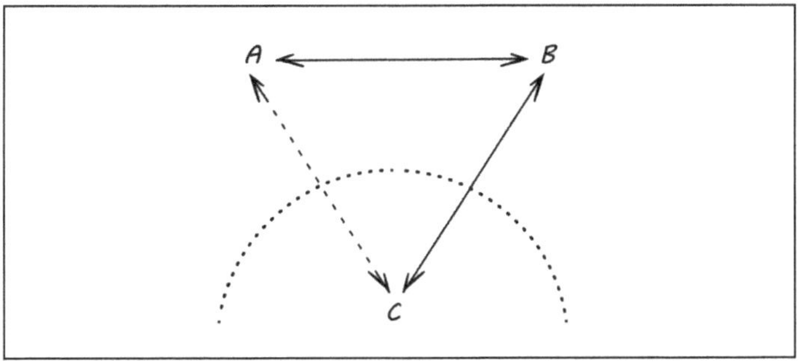

Abb. 24: Dramadreieck

Ein Beispiel, das ich jüngst erlebt habe: Ein Betriebsleiter (C) beschwert sich im Coaching über sein Team, weil es nicht optimal kooperiere. Auf meine Frage, woran er das unkooperative Verhalten erkenne, berichtet er mir sinngemäß: Der Abteilungsleiter (B) beschwert sich bei ihm (Betriebsleiter C) über einen Vorfall mit Abteilungsleiter A (s. Abb. 25). Dieser meint, es gebe seiner Ansicht nach Qualitätsprobleme in der Abteilung von B, was B als ungerechtfertigt erlebt, und das habe er (B) mit A ansprechen wollen. A habe ihn aber in diesem Gespräch mit leicht ironischem Unterton abgewiesen und die Konversation dadurch rasch beendet. B verlässt daraufhin irritiert den Schauplatz und wendet sich in seiner Not eben an C, den Betriebsleiter. B richtet seine Beschwerde über A an C in der Hoffnung, dieser möge ihm »zum Recht« verhelfen (s. Abb. 26). So gehe das laufend, erzählt der Betriebsleiter C, auch andere Abteilungsleiter beschwerten sich übereinander bei ihm wegen bestehender Probleme.

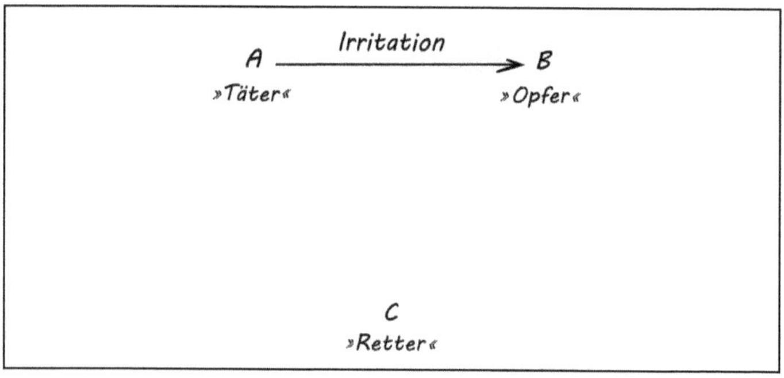

Abb. 25: A »irritiert« B

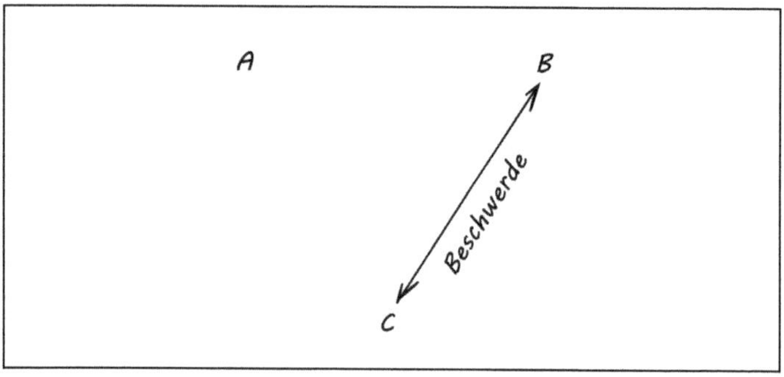

Abb. 26: B beschwert sich bei C

Wie geht Betriebsleiter C nun mit diesen Beschwerden um? Er sagt: »Ihr seid doch erwachsene Menschen, macht das bitte unter euch alleine aus!« oder »Du bist viel zu sensibel, verträgst keine Kritik.« Oder er erklärt »die Welt«, »Objektiv gesehen ...«, »Warum hast du es nicht so und so ... gemacht?«, »Du musst unbedingt Fehlerkultur lernen« oder »Sie sind humorlos«.

C ist nicht bewusst, dass er dadurch an der Konfliktentstehung einen maßgeblichen Anteil hatte. Das Verhalten von C entscheidet nämlich darüber, ob A und B in der Folge in einen Konflikt geraten. Zu diesem Zeitpunkt beginnt die Dynamik des Dramadreiecks.

Der Betriebsleiter C ist es also, der den Konflikt auslöst – unbewusst und ohne böse Absicht. Schon eine einzige dieser vermeintlich harmlosen Bemerkungen kann dazu beitragen, dass A und B zusammen mit C in eine Konfliktdynamik geraten und nur mehr sehr schwer herausfinden. Sie verstricken sich im Dramadreieck, wie es Stephen Karpman (1968, S. 39–43) beschrieben hat. A in der Rolle des »Angreifers«, B in der Rolle des »Opfers« und C in der Rolle des vermeintlichen »Retters, Erlösers«.

Wir haben mindestens drei (oder auch mehr) Menschen in diesem Drama. Und es liegt an C, ob ein Konflikt zwischen A und B ausgelöst und das Drama aufrechterhalten wird. C ist jedenfalls bei der Konfliktentstehung in der Schlüsselposition und zumindest mitverantwortlich, wenn sich der Konflikt chronifiziert und daraus ein unendliches Spiel wird. Ich habe viele Organisationen erlebt, die sich jahrelang im Dramadreieck das Leben schwer gemacht haben. Viele Leitende sind sich ihrer Wirkung als C nicht bewusst. Das Dramadreieck ist ein weitverbreitetes, destruktives Kommunikationsmuster, das im Besonderen durch das Verhalten von C unterbrochen werden kann – wenn er denn weiß, wie.

Daher wenden wir uns zwei Fragen zu:

1) Welche Handlungsoptionen hat C, um einen Konflikt von A und B zu vermeiden?
2) Wie kann C den Ausstieg aus dem Dramadreieck für alle Beteiligten ermöglichen?

Gleich vorweg: Die drei wichtigsten Punkte im Gesprächsverhalten von C mit B sehe ich darin, dass C erstens neutral bleibt, sich zweitens nicht in die »Erlöserrolle« (Helfersyndrom) drängen lässt und drittens verhindert, dass B in die Opferrolle rückt. C muss B bewusst machen können, dass er für die Lösung mitverantwortlich ist. Wenn B sich nämlich als Opfer sieht, ist der Konflikt besiegelt. Wenn hingegen B in der Sache Co-Verantwortung übernimmt, ist das der erste wichtige Schritt in Richtung Lösung.

In der Praxis könnte ein produktives Verhalten von C so aussehen:

Das Gespräch beginnt mit der Beschwerde von B über A und der Erwartung von B, dass C ihm in der Sache Recht zuspricht. C reagiert darauf mit: »Gut, dass Sie gekommen sind und darüber reden.« Und er versucht, das Gefühl von B zu verstehen und zu bekräftigen: »Da wäre ich auch zornig.« Wenn es möglich ist, kann C etwas relativieren: »Das war ungeschickt von A, aber im Grunde kenne ich ihn als einen Menschen, mit dem sich Vereinbarungen gut treffen lassen.« C versucht zu verstehen, was A zu diesem Verhalten bewegt hat. »Steckt vielleicht sogar eine gute Absicht hinter seinem Verhalten?« C ermuntert B, das Gespräch mit A noch einmal aufzunehmen, indem er die Konsequenzen der unterlassenen Kommunikation transparent macht und Möglichkeiten für dieses Gespräch aufzeigt, etwa so (s. Abb. 27):

- Übernimm deinen Teil Verantwortung: »Es tut mir leid, dass das passiert ist, vielleicht war es zur falschen Zeit ... unter großem Stress ... emotional aufgeladen ... zwischen Tür und Angel ...?«
- Mach dir die Co-Verantwortung für die Lösung bewusst.
- Versuch zu verstehen, was A dazu bewegt hat.
- Vielleicht findest du gemeinsame Stärken, etwas Verbindendes aus der Vergangenheit oder du bringst ein spielerisches Element ins Gespräch, das die Situation etwas entdramatisiert.
- Richte die Perspektive auf die Zukunft: »Was denkst du, können wir tun, um solche Situationen in Zukunft zu vermeiden?«
- Vielleicht lässt sich eine konkrete Vereinbarung treffen.
- Eventuell hilft es, ein kleines Ritual der Versöhnung anzugehen (Kaffee, Glas Bier, Prosecco, ...) (Furman u. Ahola 1999).

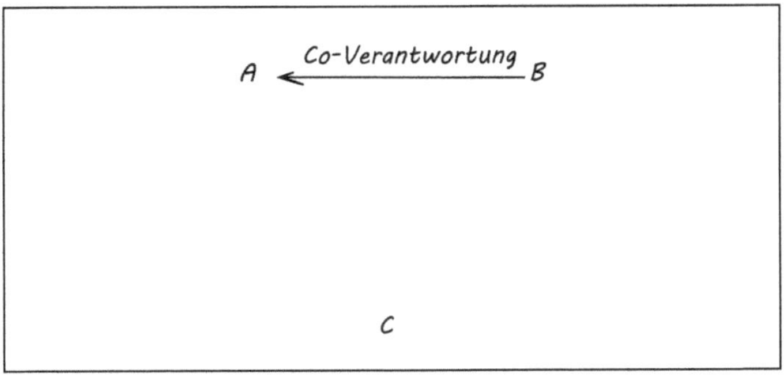

Abb. 27: B übernimmt Co-Verantwortung

Ist ein Zweiergespräch zwischen A und B nicht möglich, sollte es unbedingt zu einem Dreiergespräch kommen: A und B unter der (möglichst neutralen) Gesprächsleitung von C.

In dieser Rolle bemüht sich C, dass beide Seiten ihre Sichtweisen darstellen können, ohne dass sie unterbrochen werden. Es geht um das Verstehen des jeweils anderen Standpunktes – auch wenn man damit nicht einverstanden sein muss. Ist alles ausgesprochen, regt C an, konkrete Erwartungen und Wünsche für die Zukunft einander mitzuteilen. Und in der Folge wird Schritt für Schritt geklärt, welche Erwartungen erfüllbar sind und welche nicht. Erfüllbare Erwartungen werden als Regeln, Vereinbarungen oder sonstige Beiträge formuliert und für beide festgehalten. Nicht erfüllbare Erwartungen bedürfen eines vertiefenden Dialogs, wenn sie für eine künftige Kooperation und Arbeitsfähigkeit unumgänglich sind.

> »Wenn von zwei streitenden Parteien jede die Gelegenheit hatte, vollständig auszudrücken, was sie beobachtet, fühlt, braucht und erbittet, und jede der anderen Seite Empathie gegeben hat, dann kann normalerweise eine Lösung gefunden werden« (Rosenberg 2016, S. 177).

Wichtig ist, dass sich die Gesprächspartner an die Dialogregeln halten:

- Jeder hat das Recht auf seine eigene Sichtweise.
- Jede Stimme wird gehört, auch die leise.
- Unsicherheit aushalten/Geduld ist gefragt
- keine Wertungen
- keine vorschnelle Entscheidung

- keine raschen Problemrahmungen bzw. -definitionen
- keine voreiligen Diagnosen
- keine vorschnelle Fokussierung auf Lösungen oder Ergebnisse, eher auf gemeinsame Kriterien der Lösung
- Dialog aufrechterhalten und fördern: das Verstehen in den Vordergrund rücken.

Wenn sich die Beteiligten an diese Regeln halten, kann man damit rechnen, dass erste Lösungsansätze nach einiger Zeit wie von selbst auftauchen. Gehört zu werden ist der Kern einer dialogischen Beziehung. Verstehen und Verstandenwerden hat die wahrscheinlich größte konfliktlösende Wirkung im Gespräch überhaupt.

So wird durch konstruktiven Dialog aus dem Dramadreieck ein Lösungs- und Entwicklungsdreieck, das die zuvor im Konflikt gebundene Energie freisetzt und jetzt den Beteiligten spürbar zur Verfügung steht (s. Abb. 28).

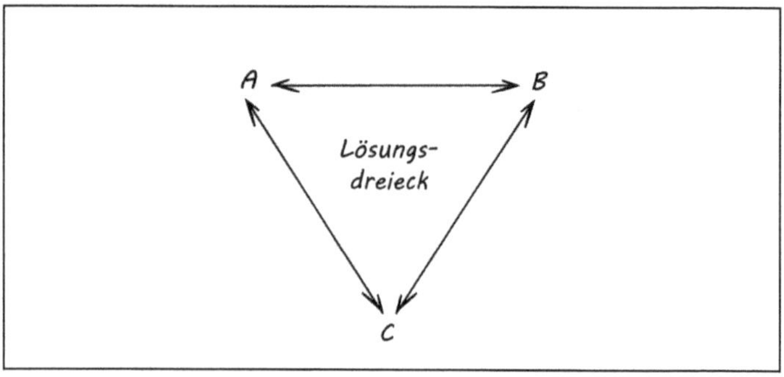

Abb. 28: Lösungsdreieck

Hinweis: Die Aufgabe des Coachs ist naturgemäß, immer ein Dramadreieck zu vermeiden und sich nicht in die Rolle des Retters zu begeben. Als Coach war ich in dem oben beschriebenen Beispiel natürlich auch C, ein weiteres Dramadreieck drohte.

> **Fazit:** Das Dramadreieck lauert überall. Niemand ist davor gefeit, in ein Dramadreieck gezogen zu werden oder selbst eines auszulösen. Toxische Information kann die Beziehungen der »Mitspieler« regelrecht vergiften und sogar die Gesundheit beeinträchtigen. Also sollte man wachsam sein.

In der A-Rolle ist es im eigenen Interesse, den Kontakt zu B nicht zu verlieren und angesprochene Probleme, Kränkungen, auch kleine, gemeinsam mit B zu lösen, um die Täterrolle verlassen zu können.

Für B erscheint es wichtig, nicht in die Opferrolle zu geraten und die Co-Verantwortung für die Konfliktlösung aktiv wahrzunehmen.

Für C ist es wichtig, diese Position schnell zu erkennen und richtig zu reagieren: neutral, deeskalierend und dialogstiftend. Verstehen wirkt konfliktlösend.

Fragen Sie sich: Wann bin ich C und wie verhalte ich mich dabei?

(Siehe auch Kap. 1.2 und den Abschnitt »Konfliktklärung«, S. 70 f.)

9 Generationenfrage und Neue Autorität

Wenn man sich mit der zukünftigen Arbeitswelt auseinandersetzt, trifft man unwillkürlich auf die Generationenfrage: Was bewegt die Nachfolgenden? Wie sieht ihr Wertesystem aus? Welche Bedingungen erwarten die Generationen in ihren Arbeitsfeldern?

Wovon können wir ausgehen?

Das Hinausschieben des Alters für den Ruhestandsbeginn in den meisten europäischen Ländern und der fortschreitende Rückgang der arbeitenden Bevölkerung hat den Unternehmen einen nie dagewesenen Generationenmix beschert: derzeit arbeiten die Generationen X (von 1966–1981 geboren), Y (1982–1997) und Z (1998–2013) – geführt von Führungskräften aus der Generation X und oft noch von den in die Jahre gekommenen Babyboomern (1947–1965). Jede Generation hat ihre eigenen Erwartungen in Bezug auf Arbeit und Freizeit, auf Zukunft im Allgemeinen. Jede Generation hat ihr jeweils eigenes Wertesystem, das überdies abhängig ist von individuellen, milieuspezifischen Ausprägungen. Diese Mischung enthält jede Menge Zündstoff, denn wir lesen in den neueren Studien über Arbeitszufriedenheit und Engagement der Mitarbeitenden Schlagzeilen wie z. B. »Deutschland ist Frustweltmeister«, »Dienst nach Vorschrift« oder »Schlechte Noten für die Chefs«.

Wie kann das Zusammenleben und -arbeiten in Mehrgenerationen-Systemen inspirierend und resonant sein – zum Vorteil für alle Beteiligten? Das Konzept der Neuen Autorität, das ich für Führungskräfte entwickelt habe, bietet hier Ansätze. Es geht dabei allerdings weniger um einen passenden Führungsstil oder eine neu aufgesetzte Organisationsform als um die Entwicklung besonderer Haltungen, die in der Persönlichkeit der Führenden verankert sind. Was braucht es, um den unterschiedlichen Bedürfnissen jeder Generation gerecht zu werden? Wie bringt man ein konstruktives Miteinander in Gang und erhält es?

»Stärke statt Macht« lautet die Devise der Neuen Autorität. »Die alte Autorität hat ausgedient« – so hört man heute auch von Führungskräften. Die meisten von ihnen behaupten, partnerschaftlich zu agieren. Vermutlich stimmt das sogar, allerdings oft nur bis zu einem bestimmten Punkt. Geraten Führungskräfte unter Druck, sind viele geneigt, in alte, längst überwunden geglaubte patriarchalische Verhaltensmuster zu kippen: »Wenn ich es so nicht kriege, dann eben durch Druck.« Macht wird im schlimmsten Fall zur Korruption ausgenutzt, z. B. durch Unterwerfung, List, viele Vieraugengespräche und das daraus folgende wechselseitige Ausspielen anderer. Das Paradoxe daran ist, dass autoritäres Verhalten sowohl die Führenden als auch das Team schwächt und die Jungen frustriert.

Führende werden sich also in Zukunft mit den Menschen unterschiedlicher Generationen noch genauer befassen müssen – aktuell auch mit ihren Erfahrungen aus den Lockdowns und mit autoritären Entscheidungen in diesem Zusammenhang. Sie werden sich auf sie einlassen und akzeptieren müssen, wie sie sind. Sonst laufen sie ihnen davon.

9.1 Was sich die Jüngeren (nicht) wünschen

Umfragen zufolge zeigen die meisten mitteleuropäischen Führungskräfte eine positive Selbsteinschätzung ihrer Führungskompetenzen. In den Augen ihrer Mitarbeiter sieht das allerdings oft anders aus. Aktuelle Studien belegen, dass Mitarbeitende vor allem des Austauschs mit ihrer Führungskraft bedürfen, um Engagement für das Unternehmen zu entwickeln. Jedoch nur wenige berichten von einem kontinuierlichen Dialog bezüglich Arbeitsleistung, Potenzialentfaltung und Weiterentwicklung.

Gerade die jüngeren Generationen X, Y und Z wollen gehört werden. Führungskräfte finden Gespräche über Wünsche erstaunlicherweise oft sogar systembedrohlich und versuchen, sie zu vermeiden. Sie unterstellen den Jungen insgeheim, es gehe ums Geld. Dabei wollen diese ihre Fähigkeiten und ihre Energie einbringen, wollen Verantwortung übernehmen und manchmal auch unkonventionelle Herangehensweisen ausprobieren. Im Gegenzug erwarten sie die Vereinbarkeit des Berufs mit Familie und Privatleben. Ein hohes Einkommen steht bei vielen erst an nachrangiger Stelle. Würde nicht der Dialog über Bedürfnisse und Erwartungen zu mehr Klarheit über die Lebenswelten der Beteiligten führen? Könnten die daraus gewonnenen Informationen zielführende Handlungsoptionen begünstigen?

Führungskräfte würden dann nämlich wissen, dass die Jüngeren ein gutes Verhältnis zwischen Vorgesetzten und Kollegen, gute Stimmung im Betrieb, reale Karriereaussichten und abwechslungsreiche

Aufgaben erwarten – durchaus erfüllbare Kriterien. Sie würden wissen, dass die Jüngeren unflexible Dienstverträge, überperfektionierte Prozesse und überzogene Regeln als abschreckend empfinden und viel eher Spielräume suchten, um den Einengungen durch Normen- und Regelgestrüpp entkommen zu können.

Der echte Dialog über Wünsche und die ehrliche Antwort, welche Wünsche erfüllbar sind und welche nicht, kann alle beteiligten Generationen bereichern. Der Dialog beginnt dort, wo die Diskussion endet. Erfahrungen, die alle Generationen aus dem »Homeoffice-Experiment« im Zuge der Corona-Krise mitbringen, sollte man in diesen Dialog jedenfalls miteinbeziehen.

9.2 Weg vom übersteigerten Perfektionismus – hin zu vitaler Optimierung

Hierzulande geht es bei der Auseinandersetzung mit den Generationen um mehr als nur Konflikte zu verstehen und zu lösen. Haben die Babyboomer die Arbeit in den Mittelpunkt ihres Lebens gerückt, begann die Generation X alte Autoritäten und Traditionen in Frage zu stellen und auf ihre Autonomie zu achten. Bei bester Ausbildung und ausgeprägtem beruflichen Fleiß streben sie nach einer hohen Lebensqualität (Work-Life-Balance). Zeit ist ihnen wichtiger als Geld.

Die Generation Y ist in einer digitalen Welt mit partnerschaftlich behütenden Eltern aufgewachsen, die ihre Wünsche schnell erfüllten. Sie achten auf exzellente Vernetzung und lieben Projektarbeit. Wenn es Schwierigkeiten mit ihren Führungskräften gibt, kündigen sie relativ schnell. Sie sind achtsam in Bezug auf die destruktive Dynamik der Selbstausbeutung.

In der Generation Z (1998–2013) droht virtuelle und reale Welt zu verschmelzen. Als Digital Natives streben sie weniger nach beruflicher Karriere, aber doch nach einem krisensicheren Arbeitsplatz. Zugleich sind viele ratlos und unsicher und wünschen, mehrere Wege ausprobieren zu dürfen.

In Europa, insbesondere in Deutschland und Österreich, verschärft vor allem das Phänomen eines übertriebenen Perfektionismus (in Bezug auf Prozesse, Regeln, Verfahren) das Problem. Wenn unter Systemoptimierung nur die Perfektionierung des Systems verstanden wird, so spiegelt das lediglich die Perspektive der Babyboomer wider. Viele von ihnen haben das als ihre vorrangige Aufgabe verinnerlicht.

Dazu kommen jetzt die Ansprüche der Jüngeren, die aber nicht in zu Tode perfektionierten Unternehmen arbeiten möchten, sondern in vitalen. Und vital bedeutet: ungeordnet, bunt, fehlertolerant. Man kann darauf bauen, dass sich die ältere Generation dem Dialog nicht verschließt, wenn sie gute Argumente geliefert bekommt. Erleben sie doch die gleiche Situation in ihren eigenen Familien. Da lassen sie auch mit sich reden. Ich denke, es ist die originäre Aufgabe von Führungskräften, die Zyklen »Gründung – Systemerhaltung – Systemoptimierung (z. B. *Kaizen*[4]) – Systemüberwindung« aktiv voranzutreiben. Bleibt man aber in der Phase der Systemoptimierung – im Streben nach totaler Perfektionierung – stecken, kann das fatale Folgen haben. Paradoxerweise eröffnet die Krise wieder Möglichkeiten für Veränderungen. Warum also die Corona-Zeiten und Nach-Pandemie-Phase nicht als Katalysator für Veränderung nutzen? Denn die Jüngeren werden nicht in starren, überperfektionierten Strukturen der Älteren, aber gern in vitalen Unternehmen arbeiten wollen, die ihrem Weltbild entsprechen. Sie brauchen Spielräume zum Leben und zum Arbeiten.

9.3 Führen mit Neuer Autorität – Bereicherung für alle Generationen

Die alte Autorität hat zumindest in Europa während der Corona-Lockdowns noch einmal ein kurzes Lebenszeichen gegeben. Auf lange Sicht hat sie aber ausgedient. Aber kann man ohne Autorität führen? Studien legen nahe, dass bei Führungskräften aus den aktuellen gesellschaftlichen Umwälzungen eine latente Unsicherheit resultiert. Bis hierher hatte ich folgende Themen betrachtet:

1) Führungskräfte müssen sich mit den Menschen aus allen Generationen und ihren Wünschen genauer befassen.
2) Der echte Dialog bereichert alle Generationen und beginnt dort, wo die Diskussion endet.
3) Die Wünsche der jüngeren Generationen bieten einen guten Anlass, das System vital zu optimieren.

4 Die Kaizen-Methode zielt darauf ab, Unternehmen in vielen kleinen Schritten täglich besser zu machen. Dabei handelt es sich um einen kontinuierlichen Prozess, in den Mitarbeitende einbezogen werden, wobei sie für nützliche Vorschläge eine Prämie erhalten.

Besonders der Einsatz von Macht welcher Art auch immer trägt bei den jüngeren Generationen zur Frustration bei. Hier wünscht man sich Spielräume zur Mitgestaltung, Möglichkeiten zu individueller Entwicklung, Sinnhaftigkeit und den Dialog mit den Leadern. Bei Führung geht es nicht in erster Linie um Techniken und Instrumente, sondern im Besonderen um Haltungen. Jeder kann sie lernen, wenn er will.

Mit dem Konzept der Neuen Autorität will ich Führungskräften einen Orientierungsrahmen zur eigenen Weiterentwicklung anbieten. Ich zeige Entwicklungsfelder und Wege auf, wie man Schritt für Schritt spezifische Kompetenzen erwerben kann. Das Ziel dabei ist, innere Stärke für sich und das Team gewinnen. Die gute Nachricht: Kein Leader beginnt bei null, alle sind schon unterwegs – manche sind deutlich fortgeschritten, andere sind noch nicht soweit.

Gerade in unsicheren Zeiten sind Führungskräfte, die ihren Mitarbeitenden Sicherheit, Stärke und Zuversicht bieten können, besonders gefragt. Ich bin überzeugt, dass Führungskräfte mit Neuer Autorität ihre Organisationen mit besonderer Vitalität bereichern und den anvertrauten Mitarbeitenden aller Generationen großen Nutzen bieten werden (s. Kap. 1.2).

Fazit: Man kann nachfolgende Generationen nur stärken, wenn man selbst stark ist.

10 Gesundheit

Was hat Gesundheit mit Reteaming oder Neuer Autorität zu tun? Haben Führungskräfte Möglichkeiten, die Gesundheit ihrer Mitarbeiter positiv zu beeinflussen? Gehört das nicht in den Kompetenzbereich der Medizin, respektive der Betriebsmedizin? Wie können Coachs dazu beitragen?

10.1 Salutogenese-Modell

Schon vor Jahrzehnten hat der Medizinsoziologe Aaron Antonovsky (1923–1994) sich die Frage gestellt: Warum erkranken in einer krankmachenden Situation oft nur wenige Menschen, warum bleiben so viele gesund? Ich betone aber, dass es hier nicht um eine Pandemie ging.

Die Antwort konnte er erst nach einem langen Forschungsweg geben: Er beschreibt eine Kraft, die sich der Krankheit widersetzt und Gesundheit bewahren oder herstellen will, und nennt sie *Salutogenese.* Er hat diesen Begriff der schulmedizinischen Pathogenese gegenübergestellt, die beschreibt, wie Krankheiten entstehen. Gesundheit war in der Medizin nie ein zentraler Begriff. Die meisten Mediziner beschäftigten sich mit der sogenannten kurativen Medizin, die Krankheiten diagnostizieren, behandeln und heilen will.

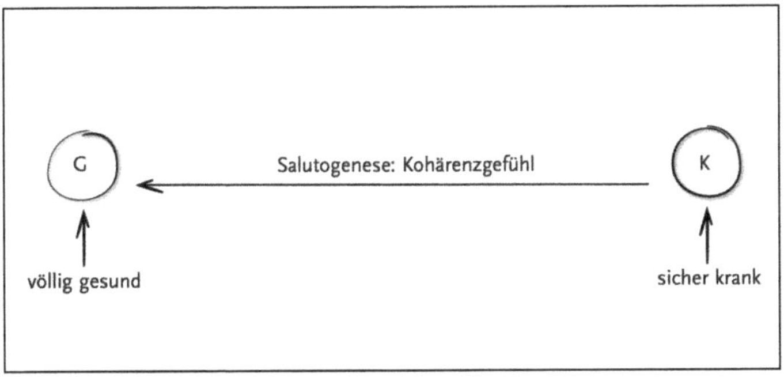

Abb. 29: Salutogenese fördern

Im Gegensatz dazu wird man durch die salutogenetische Orientierung dazu veranlasst, über die Faktoren nachzudenken, die zu einer

Bewegung in Richtung Gesundheit beitragen (Antonovsky 1997, S. 24–25). Diese Faktoren liegen wohl hauptsächlich im kommunikativen Bereich. Das lässt den Schluss zu, dass die Kommunikation von Führungskräften und Coachs sehr wohl einen Einfluss auf das Kontinuum »gesund – krank« hat (s. Abb. 29, S. 127).

Kohärenzgefühl (»sense of coherence«)

Als Ergebnis seiner Forschungen und Überlegungen erkennt Antonovsky (Schüffel 1998, S. 1) eine gesundheitsförderliche Grundhaltung, die er im Kohärenzgefühl zusammenfasst, das auf drei Komponenten basiert: dem Gefühl der Verstehbarkeit, der Bewältigbarkeit und der Sinnhaftigkeit.

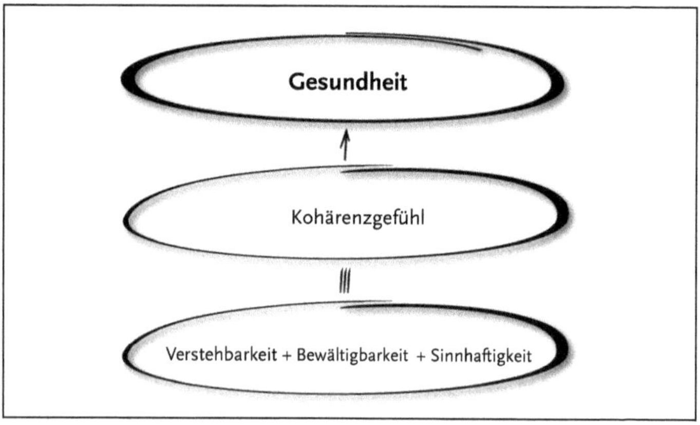

Abb. 30: Kohärenzgefühl und Gesundheit

In diesem Konzept beschreibt er Kräfte, die dem Individuum helfen, Gesundheit zu entwickeln (s. Abb. 30). Diese Kräfte fördern die Fähigkeit, mit den Belastungen des Lebens erfolgreich, eben kreativ umzugehen. Dadurch entwickelt sich das Kohärenzgefühl.

Das Kohärenzgefühl ist eine Art »Siebenter Sinn«, der mit einem Fühler permanent wahrnimmt, ob

- die Ereignisse im Leben strukturiert, vorhersehbar und erklärbar, also nicht chaotisch, ungeordnet, zufällig, willkürlich oder unerklärlich (Verstehbarkeit) sind
- die Ressourcen verfügbar sind, um den aus den Ereignissen stammenden Anforderungen gerecht zu werden (Bewältigbar-

keit). Diese Dimension schützt gegen das Gefühl, hilfloses Opfer zu sein. Es geht also um die Möglichkeit der Mitgestaltung.
- diese Herausforderungen sich als sinnvoll erkennen lassen (Sinnhaftigkeit oder Bedeutsamkeit). Dies ist die eigentliche emotionale Komponente. Die Welt und ihre Abläufe sind es wert, dass man sich engagiert. Man engagiert sich als Teilhaber desjenigen Prozesses, der das eigene Schicksal ebenso formt wie die täglichen Erfahrungen.

Werden diese drei Komponenten vom Kohärenzgefühl hoch bewertet, erfährt das Individuum eine Stärkung – mit dem Ergebnis, dass die Salutogenese ihre positive Wirkung entfaltet.

Genau hier können Führungskräfte mit Neuer Autorität ansetzen, indem sie ihre Kommunikation darauf ausrichten und ihre Grundhaltung bezüglich Fürsorge und Verantwortung reflektieren (s. Kap. 4.3).

Wenn Kommunikation die Gesundheit von Menschen fördern soll, so muss sie das Kohärenzgefühl ansprechen, d. h., die Kommunikation muss verstehbar und so gestaltet sein, dass sie Handlungsspielräume für die Beteiligten eröffnet und von Sinnhaftigkeit getragen ist. So etwas lässt sich nur in einem Dialog verifizieren. Aber damit schaffen die Beteiligten einen heilsamen Ordnungsrahmen, der auch in unvorhersehbaren und komplexen Situationen Orientierung geben kann.

10.2 Systemstörung und Burn-out-Syndrom

Im Folgenden beschreibe ich das Burn-out-Syndrom als Systemstörung und dessen Auswirkungen. Dabei stütze ich mich auf die Forschungsergebnisse von Christina Maslach, Professorin für Psychologie an der Universität von Berkeley, USA:

> »Die gängige Ansicht ist, dass Burn-out in erster Linie ein Problem der Einzelperson ist. Das soll heißen, dass Menschen aufgrund von kleinen Fehlern in ihren Charakteren, ihrem Verhalten oder ihrer Leistung an Burn-out erkranken. Nach dieser Sichtweise sind die Menschen das Problem, und die Lösung besteht darin, diese auszutauschen oder sich ihrer zu entledigen. Aber unsere Forschungen haben zu einem völlig gegensätzlichen Resultat geführt. Unsere umfassenden Studien haben ergeben, dass Burn-out nicht das Problem der Menschen selbst ist, sondern das Problem des *sozialen Umfeldes*, in dem die Menschen arbeiten. Die Strukturierung und Ausgestaltung des Arbeitsplatzes

prägt die Interaktion zwischen den Menschen und der Art und Weise, wie sie ihre Arbeit erledigen. Wenn das Arbeitsumfeld die menschliche Seite der Arbeit nicht berücksichtigt, dann steigt das Risiko von Burn-out und ein hoher Preis dafür ist zu bezahlen« (Maslach u. Leiter 2001, S. 19).

Was ist Burn-out?

Faktum ist, dass sich die Wissenschaft bis dato nicht auf eine Definition des Burn-out-Syndroms einigen konnte. In der derzeit geltenden Fassung der internationalen Krankheitsklassifikationen (ICD-10) wird der Begriff nicht als Hauptdiagnose einer psychiatrischen Erkrankung eingestuft, sondern nur als Zusatzdiagnose unter dem Begriff »Erschöpfungssyndrom«. In den 1960er-Jahren als »Manager-Krankheit« diagnostiziert wurde die Bezeichnung Burn-out-Syndrom anno 1974 vom amerikanischen Psychoanalytiker Herbert Freudenberger eingeführt. Christina Maslach führt aus, Burn-out sei ein Syndrom von Erschöpfung, Zynismus und Ineffizienz. Erschöpfung resultiere aus intensiven und überwältigenden Arbeitsanforderungen. Zynismus entwickle sich als Weg, selbst Distanz von einem erschöpfenden Beruf zu erlangen, und führe zu einem minimalistischen Arbeitsstil. Ineffizienz breite sich als Gefühl aus, nicht gut genug für den Job zu sein.

Die Kosten für Burn-out seien sehr hoch: höhere Abwesenheitszeiten und größere Fluktuation, reduzierte Qualität der Job-Performance, geringe Arbeitsmoral, vermehrte Gesundheitsprobleme u. a. (ebd., S. 69).

Die Rolle der Organisation bei Burn-out

Burn-out tritt laut Maslach dann auf, wenn sich eine größere Diskrepanz zwischen Arbeitsplatz und Arbeitnehmer entwickelt. Diese Fehlanpassung kann jeweils in jedem der sechs folgenden Bereiche organisationalen Lebens stattfinden:

- Arbeitsmenge
- Steuerung/Kontrolle
- Belohnung/Entschädigung/Feedback
- Gemeinschaft
- Fairness
- Werte.

Exzessive Arbeitsüberlastung erschöpft die Menschen, wenn im Arbeitsrhythmus nicht ausreichend Erholungszeiten enthalten sind. Ein Mangel an Einfluss auf wichtige Entscheidungen im Arbeitsbereich verringert das Verantwortungsgefühl für die Ergebnisse und lässt die Innovationskraft abstumpfen. Mangelhafte Entschädigung oder überhaupt fehlende Belohnung in Bezug auf Anerkennung oder Vergütung von besonderen Beiträgen bzw. Leistung unterminiert die Motivation und Arbeitsmoral. Wenn die Gemeinschaft zusammenbricht, ist die Zusammenarbeit von fehlender gegenseitiger Unterstützung und Konflikten gekennzeichnet. Die abhandengekommene Fairness macht der Respektlosigkeit und Unehrlichkeit Platz und untergräbt das Gemeinschaftsgefühl am Arbeitsplatz. Wertekonflikte zwischen Anforderungen der Organisation und persönlichen Prinzipien oder inkompatible Werte der Organisation können einen hohen Burn-out-Level erzeugen.

Wie sich Burn-out manifestiert

Wenn man Menschen fragt, wie man sich im Burn-out fühlt, bekommt man häufig Folgendes zur Antwort: »Ich bin frustriert! Ich habe meine Begeisterung für die Arbeit verloren. Ich trage so viel Ärger mit mir herum und kann diesen nirgends abladen. Ich habe Angst – werde ich den Job behalten können? Ich werde mit jedem Tag in meinem Job unglücklicher und deprimierter – und ich frage mich, ob ich dabeibleiben sollte. Ich fühle mich überfordert, überlastet, überarbeitet – und gefangen. Es gibt keinen Ausweg.«

Jeder Mensch drückt Burn-out auf seine eigene Art und Weise aus, aber die zugrundeliegenden Motive sind dieselben:

- *ein Verlust des Engagements für die Arbeit:* Was als wichtige, sinnvolle und faszinierende Arbeit begann, wird unangenehm, bedeutungslos und füllt den Menschen nicht aus.
- *ein Verfall der Emotionen:* Die positiven Gefühle von Enthusiasmus, Einsatzbereitschaft, Sicherheit und Freude schwinden und werden durch Furcht, Angst und Depression ersetzt.
- *ein Missverhältnis zwischen Mensch und Arbeit:* Betroffene Einzelpersonen sehen dieses Ungleichgewicht als persönliche Krise, aber in Wirklichkeit liegt das Problem im Arbeitsumfeld.

Wie das Wort *Verfall* andeutet, ist Burn-out ein allmählicher Verlustprozess, bei dem das Missverhältnis zwischen den Bedürfnissen des

Menschen und den Anforderungen am Arbeitsplatz immer größer wird.

Mächtige wirtschaftliche, politische und kulturelle Kräfte wirken auf den Arbeitsplatz ein, wodurch ein Klima entsteht, das noch nie so anfällig für Burn-out war wie heute. Es ist nicht sinnvoll, wenn jemand sagt: Ich bin daran schuld. Dieser Denkansatz wird uns nicht beim Umgang mit Burn-out helfen. Der Aufgabenbereich ist genauso ein Teil des Teufelskreises wie das Individuum selbst, folglich muss er ein Teil jeder Lösung sein (ebd., S. 26).

Wie sich Burn-out zeigt

Das erste Alarmzeichen erkennt man fast immer im aufkommenden Zynismus. Die Betroffenen bauen eine emotionale Distanz zu dem belastenden Umfeld auf, indem sie alles abwerten, was sie wahrnehmen. Das ist der Versuch, die eigenen Gefühle abzuschirmen. Dazu meint Christina Maslach (ebd., S. 21–23):

> »Burn-out kann über den Verschleiß der Seele hinaus eine fatale Wirkung haben. Es kann ihrer Gesundheit, ihrer Fähigkeit, Aufgaben zu meistern, und ihrem persönlichen Lebensstil abträglich sein. Es kann auch zu schweren Beeinträchtigungen der beruflichen Leistungsfähigkeit führen. Und diese Belastungen betreffen nicht nur sie allein – sie werden von jedem, der mit ihnen Kontakt hat, wahrgenommen, sowohl im Beruf wie auch im privaten Umfeld.«

Von Burn-out Betroffene berichten über physische Probleme wie Kopfschmerzen, Magen-Darm-Erkrankungen, Bluthochdruck, Muskelverspannungen und chronische Müdigkeit. Aber auch mentale Störungen in Form von Angstgefühlen, Depressionen und Schlafstörungen führen sie an. Um mit diesem Stress fertigzuwerden, greifen einige Menschen verstärkt zu Alkohol und Medikamenten. Wenn sich die Folgen von Burn-out auf den privaten Bereich übertragen, können die Erschöpfungszustände und negativen Gefühle Auswirkungen auf die Beziehungen zu Familie und Freunden haben.

Und wie steht es mit der Arbeit selbst? Ein Resultat des Teufelskreises bei Burn-out ist, dass Menschen, bei denen Stress kumuliert und die weniger Unterstützung in ihrem täglichen Leben erfahren, auch zunehmend schlechter mit Problemen in der Arbeit fertigwerden. Menschen, die an Burn-out erkranken, sind prädestiniert, sich vom Beruf zurückzuziehen – sowohl psychisch als auch physisch. Sie investieren weniger Zeit und Energie in ihre Arbeit, erledigen nur das unbedingt Notwendige und fehlen häufiger. Sie bewältigen nicht nur weniger Arbeit, sie erledigen diese auch mangelhaft. Anspruchsvolle Arbeit erfordert Zeit und Anstrengung, Engagement und Kreativität. Aber jemand, der an Burn-out leidet, ist nicht mehr länger dazu bereit, diese Anforderungen aus freien Stücken zu erfüllen. Ein Abfall in der Qualität und der Quantität der erbrachten Arbeit ist in beruflicher Hinsicht ein Indiz für das Erreichen der ersten Stufe von Burn-out. Coachees haben oft geklagt, das Ergebnis der Reorganisationsprozesse in ihren Unternehmen sei eine deutliche Arbeitsverdichtung, bei der mehr Verantwortung und Arbeit auf die Einzelnen übertragen worden sei, ohne dass es dafür eine Vergütung oder Anerkennung gegeben hätte. Das bedeutet: Das jeweilige System ist in eine Schieflage geraten.

Schließlich erreichen einige Menschen den Punkt, an dem sie die Überlastung nicht mehr verkraften können, und kündigen. Wenn dieser Schritt notwendig ist, kann er sehr schmerzvoll sein, besonders dann, wenn dies gleichzeitig auch bedeutet, auf eine Karrieremöglichkeit zu verzichten, die einmal Stolz, Prestige und persönliche Identität bedeutet hat.

Der Preis, der durch Burn-out verursacht wird, ist sowohl für die Menschen als auch für die Unternehmen beträchtlich. Für Mitarbeiter geht es darum, dass der Beruf ihre Lebensqualität und ihre Chancen auf eine produktive, erfolgreiche Entwicklung mindert. Für Unternehmen handelt es sich hier um eine Arbeitskraft, die nicht länger imstande ist, das Engagement, die Kreativität und Produktivität zu erbringen, die sie einmal erbracht hat.

Dimensionen von Burn-out

- Erschöpfung: Stress durch permanente Überforderung (körperlich und emotional)
- Zynismus: zwischenmenschliche Beziehungen sind feindselig
- Ineffizienz: depressive Stimmung aus dem Gefühl, im Beruf nicht gut genug zu sein.

Weshalb sollte man etwas gegen Burn-out unternehmen?

Burn-out ist immer auch ein Anzeichen von erheblichen Missständen in Organisationen und sagt mehr über die Führung als über die Mitarbeiter aus. Führungskräfte scheuen sich aber oft, ein Problembewusstsein bezüglich Burn-out zu entwickeln.

> »Für sie ist Burn-out ein Wespennest, in das man am besten nicht hineinsticht. Sie befürchten, dass sie – sobald Burn-out als Problem anerkannt würde – von Anfragen der Belegschaft überhäuft würden, die eine Verringerung der Arbeitsbelastung oder die Einführung kostspieliger Programme für die ›Qualität des Arbeitslebens‹ fordern. Sie sind nicht der Meinung, dass Burn-out in den Verantwortungsbereich des Arbeitgebers fällt. Und sie sind nicht davon überzeugt, dass sie irgendetwas gegen Burn-out unternehmen könnten, auch wenn sie das zur Problemlösung nötige Geld, die Zeit und das Expertenwissen hätten« (ebd., S. 66).

Wenn Führungskräfte das Thema Burn-out auf der organisationalen Ebene nicht angehen, so verbreitet und verstärkt sich der Zynismus unter den Mitarbeitern, der sich hartnäckig hält. Zynismus wirkt wie ein Selbstschutz und ist oft die einzige Möglichkeit, die eigenen Gefühle von einer unerträglichen Situation abzuspalten und alles abzuwerten, was die Betroffenen erreicht. Es ist müßig, den wirtschaftlichen Schaden durch Fehlzeiten, mangelnde Qualität und verminderte Produktion zu beziffern.

Wie kann man mit Burn-out umgehen?

Maslachs Auffassung nach ist Burn-out am besten auf der Unternehmensebene zu behandeln und nicht allein auf der Ebene der Einzelperson. Indem das Unternehmen Verantwortung bei der Bewältigung von Burn-out übernimmt, handelt es so, dass es sich langfristig eine leistungsfähige Belegschaft sichert – das ist durchaus eine nutzenorientierte Maßnahme:

- Ein unternehmerischer Ansatz behandelt die Probleme einer Gruppe, statt sich zu einem bestimmten Zeitpunkt auf eine Einzelperson zu konzentrieren. Folglich ist der Ansatz nicht nur kosteneffizienter, sondern führt auch zur Bildung von gegenseitigen Unterstützungsprozessen, da andere Kollegen, die mit den betreffenden Mitarbeitern zu tun haben, auch von der Intervention profitieren. Eine Intervention, die zu gegenseitigem Respekt führt, stärkt in der Arbeitsgruppe die Identifikation mit der Arbeit.
- Durch eine generelle Verbesserung des Human Ressource Managements steigert ein unternehmerischer Ansatz sowohl die Produktivität der Belegschaft als auch die Qualität ihres Arbeitslebens.

- Eine Intervention auf der Unternehmensebene, die das Funktionieren eines Arbeitsumfeldes verbessert, hat mehr Aussicht darauf, die Identifikation mit der Arbeit zu stärken. Wenn die Intervention hingegen auf der individuellen Ebene erfolgt, dann lautet das Ziel meist, eine leidende Person auf ein erträgliches Funktionsniveau zu bringen (d. h. einen Zustand ohne Burn-out), selten jedoch geht man in seinen Bemühungen darüber hinaus.
- Der Ansatz des Unternehmens ist effektiver, wenn er in strategische Management-Richtlinien integriert ist, als wenn er direkt auf problematische Einzelpersonen ausgerichtet ist.

Der meiner Meinung nach beste Weg, Burn-out zu verhindern, liegt darin, die Identifikation mit der Arbeit zu fördern. Dies bedeutet einerseits, dass man Lösungen im sozialen Kontext der Organisation erarbeiten muss. Andererseits sind Führungskräfte aufgerufen, Entscheidungen zu treffen, die in Richtung Gesundheitsbildung gehen. Solche Maßnahmen können den wirtschaftlichen Gewinn kurzfristig reduzieren. Es macht sich aber sicher bezahlt, wenn über einen längeren Zeitraum auch die weichen Faktoren Eingang in die Bilanz finden.

Was kann man auf der organisationalen Ebene tun?

Bewährt haben sich moderierte Gesprächsformen wie Teamentwicklungen oder Gesundheitszirkel. Dabei erhalten Mitarbeiter überhaupt erst einmal Gelegenheit, sich mit dem Thema Gesundheit im Betrieb zu beschäftigen. Als wichtigsten Faktor sehe ich dabei die Führungskraft an, wenn sie sich dafür verantwortlich sieht und ermöglicht, dass sich die Menschen zu diesem Thema einbringen und artikulieren können, was ihnen wichtig ist. Führungskräfte brauchen aber dazu den inneren Zustand der Fürsorge, gemeint ist die Sorge um das physische und psychische Wohlbefinden der Mitarbeiter am Arbeitsplatz, und den Mut, aus den Ergebnissen der Gespräche Entscheidungen abzuleiten und deren Umsetzung voranzutreiben. Einen guten Ansatzpunkt bietet auch das »Maslach-Burnout-Inventory«, das mittels standardisierter Befragung ein Ökologie-Check-up bietet und damit eine fundierte Bewertung der Situation ermöglicht. Daraus lassen sich Schlüsse ziehen und wirksame Maßnahmen ableiten. Und last but not least bedarf es grundsätzlich einer Verankerung der Gesundheitsförderung in der Gesamtstrategie, damit aus solchen Projekten keine Eintagsfliegen werden.

Fazit: Ausgeprägte Fürsorge führt nicht nur zu einem gesunden Rahmen der Organisation, sondern auch zu einem deutlichen Zugewinn an Neuer Autorität.

10.3 Exkurs: Mobbing

Bei Mobbing handelt es sich um den problematischen Versuch von Teammitgliedern, ungelöste Probleme eines Teams auf Kosten eines Menschen und dessen Gesundheit zu lösen. Es geht dabei um abträgliche Information und ihre kränkende Wirkung. In der Praxis habe ich in solchen Fällen immer auch die Führungskraft miteinbezogen. Meist hatte sie ihre »Hausaufgaben« nicht gemacht, d. h., fällige Entscheidungen hinausgeschoben, klärende Gespräche nicht geführt, Neuregelungen unterlassen, Ungerechtigkeiten nicht beseitigt oder sogar die Mobbenden im Delegationsmodus unterstützt. In jedem Fall war die Ordnung im System eingeschränkt oder ging ganz verloren. Eine gute Teamentwicklung kann hier durch Transparenz für einen Neubeginn sorgen, aber der Ball bleibt zunächst im Feld der Führungskraft. Wenn Führungskräfte ihre Neue Autorität wirklich leben, sollte Mobbing kaum noch Thema sein.

Fazit: Burn-out und Mobbing sind extreme Szenarien. Aber gerade das Salutogenese-Modell im Hintergrund hilft, Gesundheit und Krankheit als zwei Pole zu sehen, und versetzt Führungskräfte und Coachs mit diesem Verständnis in die Lage, auch schon bei kleineren Störungen einzuwirken, um Schlimmeres gar nicht erst aufkommen zu lassen.

11 Lösungsorientiert durch die Krise

Wir erleben es gerade alle: Die Auswirkungen der Pandemie auf die Arbeitswelt sind dramatisch. Viele Menschen hatten und haben grundlegende organisatorische Umbrüche innerhalb kürzester Zeit zu verkraften: Homeoffice statt Großraumbüro, Videokonferenz statt Meetings. Wie Menschen zusammenarbeiten, hat sich über Nacht verändert.

Trotz aller Bedrohungen war nicht zu übersehen, dass sich eine große Zahl von Führungskräften und ihre Teams in der Krise sehr engagiert und konstruktiv verhalten hat, wirklich vorbildlich. Viele Führungskräfte hatten offensichtlich einen besonderen Zugang zu ihrer Neuen Autorität, wie ich sie in den Kapiteln 3 bis 5 beschrieben habe. Und viele Teams waren fähig, blitzschnell neue Formen der Kooperation zu entwickeln.

Führungskräfte haben berichtet, ihre Intuition hätte dabei eine große Rolle gespielt. Damit wurde nicht nur wirtschaftliche Schadensbegrenzung betrieben, sondern sogar so manche Entwicklungschance genutzt, die es ohne Krise gar nicht gegeben hätte – Stichwort virtuelle Meetings, Homeoffice oder digitaler Quantensprung. Erstaunlich ist für mich auch, wie viel Kreativität durch jene ins Spiel gekommen ist, die proaktiv waren, also die trotz der Schwierigkeiten wieder eine Vorwärtsbewegung eingeleitet haben. Viele haben ihrer Intuition vertraut – dem stammesgeschichtlich ältesten Gedächtnis, das die Funktion hat, vor Gefahren zu warnen und das Überleben zu sichern. Und sie haben ihren Teams vertraut.

Das Modell der Neuen Autorität bietet den Führenden einen Orientierungsrahmen für ein konstruktives Führungshandeln. Geraten Führungskräfte unter außergewöhnlichen Druck, wie eben in der Corona-Krise, kann es nur allzu leicht passieren, dass sie aus der sonst so selbstverständlich partnerschaftlichen Führungshaltung in autoritäre Strukturen kippen.

Das mag zur Umsetzung eines Notfallplanes für die Akutphase akzeptiert sein. Wenn es aber darum geht, das positive Energiepotenzial einer Krise freizusetzen und zu nutzen, wird es einer besonderen Haltung bedürfen. Das Modell der Neuen Autorität beschreibt diese Haltung.

11.1 Kann man angesichts einer Krise lösungsorientiert bleiben?

Dabei geht es um eine Grundfunktion von Leadership, nämlich die, den Aufmerksamkeitsfokus der Beteiligten zu lenken. Als Schüler von Fritz Simon habe ich das sogar als die Hauptfunktion von Führungskräften verstanden. Das heißt, es ist ein großer Unterschied, ob Führungskräfte die Aufmerksamkeit auf Probleme und Defizite lenken oder auf Möglichkeiten und Lösungen – und das trotz eines Bedrohungsszenarios.

In der Akutphase einer Krise sind unter enormem Zeitdruck wichtige Entscheidungen zu treffen – und das vor dem Hintergrund fehlender Kenntnis und fehlender Erfahrung im Umgang mit der Krise. Über gute Entscheidungen wird eine Vorwärtsbewegung in der Organisation möglich. Das Risiko von Fehlentscheidungen besteht immer. Aber werden keine Entscheidungen getroffen werden, tritt schnell Stillstand ein.

Bleibt der Fokus auf den Problemen, gerät man sehr leicht in eine Abwärtsspirale, der man nicht mehr entkommt (s. Abb 1). Die Energie entweicht, vermutlich wird sich Angst und Lähmung verbreiten – in jedem Falle aber Frustration. In einer solch negativen Stimmung wird es dann schwierig für eine kreative Problemlösung, eigentlich unmöglich. Außerdem besteht die Gefahr, sich mit toxischer Information verseuchen zu lassen – Informationen ohne Neuigkeitswert und ohne Substanz für eine gute Lösung.

Bleibt man aber mit der Aufmerksamkeit auf der Seite der Möglichkeiten und Ressourcen, ergeben sich im Dialog unweigerlich Lösungen. Das Reteaming-Konzept bietet hier eine pragmatische Guideline, bei der das Suchen von Schuldigen ganz entfällt.

11.2 Worauf kann man vertrauen, wenn man sich von einer Krise bedrängt fühlt?

Im Konzept der Neuen Autorität (s. Kap. 3) skizziere ich sieben Elemente als Orientierungsrahmen für diese Haltung. Ich greife hier das erste Element heraus: Es ist die *Präsenz* von Führenden. Gemeint ist eine äußerliche (physische), aber besonders auch eine innere (emotionale) Anwesenheit im Sinne der Achtsamkeit. »Ich bin deine Chefin und ich bleibe bei dir, bis das Problem gelöst ist. Darauf kannst du zählen. Ich nehme meine Verantwortung für dich und den Kontext wahr.« Gemeint ist die Pflege der Beziehung: durch Wertschätzung, das Setzen auf Kooperation statt auf Gehorsam, das sensible Gespür für den Ausgleich zwischen Geben und Nehmen, auch wachsame Sorge und das Gespräch auf gleicher Augenhöhe.

Präsenz ist zu verstehen als ein kontinuierlicher Prozess der Auseinandersetzung mit dem System. Mein Kollege Frank Baumann-Habersack, der Autoritätsforscher und Pionier der Neuen Autorität für Führungskräfte, meint dazu: Autorität entwickelt sich aus Nähe, Interesse und Fürsorge. Wenn beziehungsgestaltende Führungshandlungen berechenbar, erkennbar und nachvollziehbar werden – gerade auch in Krisenzeiten –, dann entwickelt sich ein Gefühl der Sicherheit für die Mitarbeitenden. Durch Beziehung entsteht also die vielzitierte und allseits geforderte »Unsicherheitsabsorption« durch die Führungskräfte. Mitarbeitende müssen sich sicher genug fühlen, um ihre Ideen, Fehler und Bedenken auszudrücken. Das baut Vertrauen auf und generiert Kooperation. Nur so lässt sich neue Information im System schnell verarbeiten und akute Veränderung konstruktiv gestalten.

Ein einsamer Steuermann auf der Brücke und ein paar Leute im Maschinenraum – verbunden durch ein Sprachrohr – treffen niemals die Wirklichkeit und kommen nicht heil durch stürmische Zeiten.

11.3 Was kann das Konzept der Neuen Autorität für die Krisenbewältigung noch leisten?

Ein weiteres wichtiges Element aus diesem Modell ist *Transparenz*. Gemeint ist transparente Kommunikation im System. Damit schaffen Führende synchrone Informationsstände und die Möglichkeit, dass die Beteiligten sinnvoll partizipieren können. Es entsteht *Vertrauen* im System.

Zur Transparenz von Führungskräften gehört es meiner Ansicht nach insbesondere offenzulegen, wie Entscheidungen entstanden sind, wer daran beteiligt war, und einzugestehen, wenn man Fehler begangen hat, sowie zu vermitteln, wie man Abhilfe schaffen werde.

Autorität entsteht ja in den Augen der anderen, sie ist eine Zuschreibung von Beobachtern. Führungskräfte können sie nicht direkt herstellen, auch nicht mit noch so ausgeklügelter Kommunikation oder gar Manipulation. Großformatige Anzeigen und Hochglanzprospekte nützen dabei auch nicht viel. Es geht um Klarheit und Glaubwürdigkeit.

11.4 Nach der Krise beginnt die sensible Phase »Aufwachen«

Danach braucht es einen besonnenen Übergang vom Krisenmanagement zum Mutmanagement, einen radikalen Wechsel in der Kommunikation. Das heißt in dieser Phase: Abschied nehmen von der autoritär gefärbten Krisenkommunikation und einen offenen Dialog mit den Beteiligten aufnehmen. Dieser könnte durch *Reflexion* (ebenfalls ein wichtiges Element der Neuen Autorität) eingeleitet werden, vielleicht so:

- Was werden wir aus der Krise für die Zeit danach
  - gelernt haben?
  - als Nutzen eingefahren haben?
  - unbedingt beibehalten?

Aber auch:

- Was wird es uns gekostet haben?
- Worauf sollten wir uns lieber nicht mehr einlassen?
- Was bedeutet das für die Demokratie und Europa?
- Welche Erfahrungen haben wir mit dem Homeoffice, mit Videokonferenzen?

Führungskräfte scheinen mir in diesem Phasenübergang besondere Keyplayer zu sein. Sie haben es in der Hand: angstmachendes Krisenmanagement fortsetzen oder eine Einladung zu Reflexion und Dialog als Schlüssel zum Mutmanagement. Es gibt eine alte systemische Regel, die besagt: Das, worauf wir unsere Aufmerksamkeit richten, wird in unserer Wahrnehmung stärker. Richten wir unsere Aufmerksamkeit auf Probleme und Defizite oder auf Möglichkeiten und Ressourcen?

1) *Kommen wir zu neuen Perspektiven.*
Nach der Phase des »Auf-Sicht-Fahrens« wird man den Zeithorizont der Planung schrittweise erweitern können. Man wird mehr wissen, und es kommt die Zeit der Szenarios. Hier können die Ideen aus den Reflexionsfragen einfließen und Bilder entste-

hen lassen – ein Szenario, konstruiert aus Einschätzungen, was systemintern/extern gleichgeblieben sein wird, was sich intern/extern entsprechend geändert haben wird. Daraus können wir dann entsprechende Handlungsoptionen und konkrete Schritte ableiten. Hierzu kann das Reteaming-Modell eine wertvolle, transparente Kommunikationsstruktur bieten.

2) *Was bietet also das Modell der Neuen Autorität?*
Drei Elemente, nämlich Präsenz, Transparenz und Reflexion, habe ich schon erwähnt. Hinzu kommen noch Entschiedenheit, Deeskalation, Zeitverständnis, Grenzen und Vernetzung. Damit sind es jetzt insgesamt sieben. Das Modell der Neuen Autorität bietet einen Orientierungsrahmen für Führungskräfte. Aber wie gesagt: Alle Führungskräfte sind bereits unterwegs. Manche sind schon sehr weit, manche erst am Beginn. Ohne Autorität kann man nicht führen. Wie kann man sie entwickeln? Mit einer Selbsteinschätzung im Rahmen dieser Elemente kommt man sehr leicht zu einer eigenen Standortbestimmung und kann daraus individuelle Entwicklungsziele ableiten. Neue Autorität ist als ein kontinuierlicher Prozess zu verstehen, der nie endet – eine Lebensaufgabe, die sich aber lohnt.

3) *Was bietet das Reteaming-Modell?*
Dabei geht es um eine flexible Gesprächsstruktur, wie man aus festgefahrenen Zuständen wieder eine Vorwärtsbewegung gewinnen kann und wie man sich auf Herausforderungen optimal einstellt – immer ohne Suche nach Schuldigen, ohne Krampf und Kränkung, dafür mit einem besonderen Spirit der Lösungsorientierung.

Fazit: Jeder Krise wohnt eine ungeheure Energie inne. Je stärker die Krise, umso größer die Energie. Das ist eine Kraft, die destruktiv wirken kann oder sich in eine positive Richtung lenken lässt: zu Verbesserung, zu Neugestaltung, zu Innovationen. Diese positive Energie kann aus der Interaktion, guten Gesprächen, also aus dem »Zwischenmenschlichen« gewonnen und verstärkt werden, sodass sie den Gestaltungsprozessen zur Verfügung steht. Wenn man lösungsorientiert arbeitet, wird Energie, die in Problemen gespeichert ist, freigesetzt und kann in Richtung Licht am Ende des Tunnels gelenkt werden. Und das bedeutet Vorwärtsbewegung.

Die Haltung der Neuen Autorität und die Reteaming-Methode sind dabei hilfreiche Gesellen.

Was kann Führung aus der Krise jetzt schon lernen? Was hat aber auch ausgedient?

In jeder Krise ist es wichtig, schnell zu entscheiden und zu reagieren. Als Erstes muss der »Brand« gelöscht werden, das ist klar, gleichzeitig ist aber schon an die vielen Betroffenen und die Zeit danach zu denken (das entspricht i. S. der Neuen Autorität der Entschiedenheit bei wachsamer Sorge).

Für die Zukunft und die Zeit danach gibt es keine sicheren Prognosen. Wir brauchen Führungskräfte, die für Rahmenbedingungen, Strukturen und einen offenen Dialog sorgen. Es geht also um transparente Kommunikation als Grundlage für weitere Entscheidungen. Ausgedient hat meiner Ansicht nach das arrogante Machertum mit seinen hohlen Schlagworten. Dazu gibt es auch ein Interview zum Nachhören, das Matthias Ohler mit mir geführt hat.[5]

5 Carl-Auer: Sounds of Science, verfügbar unter: https://www.carl-auer.de/magazin/neuigkeiten/wilhelm-geisbauer-neue-autoritat-systeme-ressourcen-prasenz [31.7.2022].

12 Remote Working

Vor Jahren begegnete ich Sabine Vogl anlässlich eines Reteaming-Coach-Trainings bei Siemens in München. In einer Pause erzählte sie mir andeutungsweise, was sie in ihren »Gute-Zukunft-Brief« (s. Kap. 2.5), der zu den Reteaming-Ausbildungsübungen gehört, geschrieben hatte. Sie klang dabei zuversichtlich. Sabine Vogl lebt in Genua, sie leitet und koordiniert von dort aus weltweit agierende Teams höchst erfolgreich. Sie arbeitet dabei vorwiegend im virtuellen Raum. Ihre damalige Vorgesetzte unterstützte sie in ihrem Innovationsgeist. Jetzt – zwölf Jahre später – bat ich sie aus aktuellem Anlass um ein Interview. Sie stellt dabei einerseits ihre wertvollen Erfahrungen zur Verfügung, andererseits blitzt auch ihr einzigartiger Pioniergeist für eine innovative Arbeitswelt auf, die eine gute Zukunft zum Greifen nahe macht. Im Folgenden gebe ich das Interview im Wortlaut wieder.

Brauchen wir eine neue Führungskultur für mobiles Arbeiten?
Da muss ich etwas ausholen: Ich wollte nie dieses klassische Führen, dieses Führen in Hierarchien, und ich wollte mich auch nicht einfügen in die Regeln der Großkonzerne. Das, was du in deinem letzten Buch als »Neue Autorität« bezeichnet hast, lebe ich seit Jahren intuitiv. Es ist aus meiner Sicht die einzig mögliche Art des Führens virtueller Teams. Ich führe seit über 20 Jahren Teams, die über die ganze Welt verteilt sind. Das funktioniert nur, wenn die Zusammenarbeit auf Vertrauen, gemeinsamen Werten und daraus abgeleiteten Zielen basiert. Man kann dazu auch »team purpose« sagen. Übersetzt heißt das: Der Mensch steht im Mittelpunkt, und die Mitarbeitenden können mitreden, für welche Themen sie sich engagieren möchten. Die Zusammenarbeit zwischen Mitarbeitenden und Führungskraft ist auf Augenhöhe und richtet sich flexibel auf wechselnde Situationen aus. Die Mitarbeitenden handeln eigenverantwortlich. Die Führungskraft unterstützt im Hintergrund. So wachsen Führungskraft und Geführte kontinuierlich, gemeinsam Schritt für Schritt, sowohl als Menschen als auch fachlich an den Aufgaben. Bei Siemens heißt diese Einstellung »growth mindset« und basiert auf dem Konzept der Psychologin Carol Dweck. Danach ist Intelligenz nicht angeboren, sondern entwicklungsfähig. Menschen können sich in jedem Bereich weiterentwickeln und verbessern, wenn sie bereit sind, lebenslang zu lernen.

Je flacher die Hierarchien sind und je selbstbestimmter Teams arbeiten können, desto motivierter und produktiver sind sie. Davon bin ich absolut überzeugt. Das war meine Erfahrung der letzten Jahre. Man hat mehr Freude an der Arbeit und kommt Schritt für Schritt in die eigene Stärke.

Im Büro fallen Führungsdefizite weniger auf als in der virtuellen Zusammenarbeit. Wenn du ins Büro gehst, gibst du deine persönliche Identität ein Stück weit auf und orientierst dich an Meinungsführern. In diesem Umfeld funktioniert klassisch-hierarchische Führung gut: Vorgabe von Zielen und Arbeitsaufträgen top-down, Kontrolle, korrigierendes Eingreifen der Führungskraft, Zurufe zwischen Tür und Angel, Ausüben von Druck und so weiter.

Das virtuelle Führen hingegen geht nur mit »Neuer Autorität«.

Die Pandemie als Chance? Bringt uns die aktuelle Situation auch Vorteile?

Ich sehe die Pandemie als große Chance!

Was mich im Moment sehr motiviert: Aufgrund der Pandemie haben wir die einmalige Möglichkeit, nicht nur unser Führungsverhalten und unsere Arbeitswelt neu zu denken, sondern auch, wie und wo wir leben wollen.

Wir waren bis jetzt mit wenigen Ausnahmen – ich hatte ja das Glück, eine Ausnahme zu sein – mit unserer Arbeit sehr stark an einen Ort gebunden. Hatte man Arbeit gefunden, war das bei vielen Jobs mit Präsenz am Arbeitsplatz verbunden, und man musste seinen Wohnort und Lebensmittelpunkt daran ausrichten. Heute kann man Arbeitsort und Arbeitszeit entkoppeln, sodass sich die Arbeit dem Leben anpasst und nicht umgekehrt. Ich kann mir den Ort aussuchen, an dem ich gerne leben möchte, und arbeite von dort aus virtuell für die Firma, die mir am besten gefällt. Es gab auch früher Jobs, die ortsunabhängig waren, beispielsweise im Außendienst. Und es gibt nach wie vor Jobs, die Präsenz erfordern, wie die Pflegeberufe oder stationärer Handel, aber seit der Pandemie ist das Angebot an ortsunabhängigen Jobs deutlich gestiegen.

Und das ist gut so. Die berufliche Laufbahn einer Person sollte von Leistung und Zielerreichung abhängen und nicht von körperlicher Anwesenheit.

Wer im Einklang mit seinem Biorhythmus arbeiten kann, ist motivierter, engagiert sich mehr und kann die gewonnene Zeit für soziale Aufgaben einsetzen – wie die Betreuung der Kinder, älterer Familienangehöriger, Umweltschutz. Wir haben so viel, was in unserer Welt nicht gut funktioniert. Die Zeit, die man durch produktiveres mobiles Arbeiten einspart, halte ich für einen großen Gewinn, nicht nur für uns persönlich, sondern auch, weil wir sie investieren können in Themen, die dem gesellschaftlichen Fortschritt dienen. Bis jetzt hatten wir rund vier Wochen Urlaub und arbeiteten die

»restliche Zeit«. Als mobil Arbeitende können wir es einfach umdrehen. *Remote only companies* wie Automattic (Betreiber von WordPress) oder Komoot (Anbieter von Apps für Outdoor-Aktivitäten) machen es uns bereits vor. Vier Wochen über das Jahr verteilt treffen sich die Mitarbeitenden an einem gemeinsamen Ort. Für den Rest des Jahres kann man selbst entscheiden, wie, wann und wo man arbeiten möchte. Viele Arbeitnehmer sehnen sich vor allem nach einem: Flexibilität.

Jede industrielle Revolution der Vergangenheit hat die Produktivität gesteigert und zu kürzeren Arbeitszeiten geführt. In Zeiten des digitalen Wandels, von Work-Life-Balance und Dynamisierung der Arbeitswelt müssen Unternehmen ihre Arbeitszeitmodelle überdenken.

Spanien machte im Herbst 2021 den Schritt und führte die Vier-Tage-Woche bei vollem Gehalt als Modellprojekt ein: Etwa 6.000 Mitarbeiterinnen und Mitarbeiter von 200 hauptsächlich mittleren und kleineren Unternehmen arbeiten dann einen Tag pro Woche weniger – und zwar mindestens ein Jahr lang. Sie sollen aber ihr volles Gehalt bekommen.

Belgien hat am 15. Februar 2022 eine Vier-Tage-Woche beschlossen.

Welche Grundvoraussetzungen braucht es, dass wir diese Chance nutzen können?

Zentral ist die Technologie, sie macht das überhaupt erst möglich. Und da geht noch mehr. Unsere derzeitigen Tools sind noch zu kompliziert und nicht nahtlos ineinander integriert. Die Technologie muss noch anwenderfreundlicher werden.

Ich war zehn Jahre lang für die Mitarbeiterkommunikation in einem Siemensbereich verantwortlich, der genau diese Technologie geschaffen hat. Wir haben die Tools eingeführt hat, die es ermöglichen, virtuell zusammenzuarbeiten. Und ich bin sicher, dass wir bereit sind für einen technologischen Quantensprung.

Gestern saß ich acht Stunden im Auto auf dem Weg über die Alpen und hatte Zeit, über die Frage nachzudenken: »Was ist *remote work* für mich ganz persönlich?« Warum engagiere ich mich so enorm? Und ich weiß die Antwort. Wir haben da etwas ganz, ganz Wertvolles in unserer Hand. Ich kann mich sehr glücklich schätzen, dass ich das ein Stück weit in meiner Pionierrolle als mobil Arbeitende vorleben konnte. Ich möchte meine Erfahrungen weitergeben, etwas zurückgeben und andere durch meine Geschichte ermutigen, ihr bestes Leben zu leben – am Ort ihrer Wahl, ohne viele Kompromisse.

Gehen wir zurück an den Ursprung: Wie hast du begonnen, in diesem Feld Fuß zu fassen?

Ich komme aus einem schwäbischen Dorf und eigentlich wollte ich da schon immer weg. Die erste Möglichkeit, die sich ergab, war mein Studium. Ich habe in Reutlingen internationales Marketing und Management studiert. Aber eigentlich ging es mir darum, so schnell wie möglich ins Ausland zu kommen. 1993 war es so weit: Ich fuhr mit dem Bus von meinem kleinen Dorf in die Weltstadt Paris, um mein erstes studienbegleitendes Praktikum anzutreten.

Während meiner Zeit in Paris ging es los mit dem World Wide Web. Man konnte auf einmal auch elektronisch kommunizieren. Das war für mich ein Schlüsselereignis. Ich habe verstanden, dass die Technologie so viel ausmacht, dass wir damit deutlich flexibler und freier sind, dass die Welt näher zusammenrückt, wenn wir uns elektronisch austauschen anstatt über Briefe, die wochenlang unterwegs sind.

Im zweiten Praktikum war ich in Barcelona/Spanien, dann in Sydney/Australien. In der Zeit habe ich Feuer gefangen, was diesen neuen Lebensstil betrifft. Ich habe mich dann bei Siemens beworben. Ich dachte mir, wenn es eine Firma gibt, die mir internationales und ortsunabhängiges Arbeiten ermöglichen kann, dann ist es Siemens.

Beim Vorstellungsgespräch habe ich klar gesagt, dass ich gerne ins Ausland möchte, und es hat sofort geklappt. Ich wurde in ein großes Projekt nach Asien entsandt, als Verantwortliche eines länderübergreifenden Trainingsprogramms für ein neues SAP-System. Der Projektstandort war Bangkok. Dort saß das Entwicklungsteam. Das System sollte in der gesamten Region genutzt werden, und die Trainings fanden immer vor Ort statt. Deshalb war ich sehr viel unterwegs in der ganzen Region, immer auf Rundreise zwischen dem Entwicklungsteam in Bangkok und meinen Trainingsteams in Singapur, Malaysia, Korea, China, Hongkong und Taiwan. Hier habe ich zum ersten Mal wirklich von überall gearbeitet – in diversen Siemens-Standorten, aber auch in Taxis, im Flugzeug und in den unterschiedlichen Hotels. Manchmal bin ich morgens aufgewacht und wusste schon gar nicht mehr, in welchem Land ich war. Ich habe diese völlige Freiheit, mir meine Arbeit einteilen zu können, sehr, sehr geschätzt – genauso wie mein interkulturelles Team. Meine Mitarbeitenden hatte ich selbst eingestellt. Sie kamen aus allen möglichen Ländern und Sprachräumen, um die Trainings in der jeweiligen Landessprache anbieten zu können.

Genau so wollte ich arbeiten! Viel Verantwortung übernehmen, im Ausland arbeiten, mit einem internationalen Team, im Zusammenspiel mit dem Headquarter, an der Schnittstelle zwischen Technologie und Mensch. Ich wollte mir selbst die Leute aussuchen können für mein Team und möglichst selbst entscheiden können, wann es Sinn macht zu arbeiten und von wo aus ich arbeite. Ich wollte diese Arbeitsweise auch meinem Team ermöglichen!

In den letzten zehn Jahren war ich in der IT-Infrastruktur für interne Kommunikation verantwortlich und konnte mithelfen, die Arbeitsplatz-IT (PC, Netzwerke, Tools) so zu gestalten, dass während der Covid-Lockdowns 200.000 Menschen bei Siemens ohne Produktivitätsverlust im sicheren Homeoffice arbeiten und trotzdem auf das Siemens-Netzwerk zugreifen konnten.

Diese flexible Wahl des Arbeitsortes wäre aus technologischer Sicht bereits vor einigen Jahren möglich gewesen. Aber offensichtlich war eine Pandemie nötig, damit jeder erleben konnte, dass es funktioniert. Bei Siemens wurden alle wichtigen Projekte fristgerecht abgeliefert, obwohl die meisten Mitarbeitenden von zu Hause aus tätig waren.

Was hat dich dazu bewegt, in das mobile Arbeiten einzusteigen?

Am Meer wohnen wollte ich schon als Kind, und in Ligurien habe ich den Ort und den Lebensstil gefunden, der meiner Idealvorstellung entsprach, und auch den Mann, mit dem ich dort mein Leben verbringen wollte. Bei aller Schönheit hat Genua leider einen Nachteil: Es gibt dort wenig Arbeit. Und mir gefiel es bei Siemens ganz ausgezeichnet.

Nach ein paar Jahren Pendeln zwischen Italien und Deutschland bin ich in die Verhandlung mit meinem Arbeitgeber eingestiegen. Meine damalige Vorgesetzte, Monika Leipoldt, hat meine Familiensituation verstanden und war neuen Themen gegenüber offen, mein interner Kunde wollte zu diesem Zeitpunkt die Arbeitsplatz-IT so umgestalten, dass jeder von überall aus arbeiten konnte. Er fand es interessant, dass ich von meiner Wohnung in Genua aus tätig werden wollte und mobiles Arbeiten mit IT-Tools gleich unter realen Bedingungen austesten konnte. So hat dann tatsächlich Siemens unsere Familienentscheidung, am Meer zu wohnen, unterstützt. Und ich hatte endlich meinen Arbeitsplatz mit Meerblick.

In der Regel war ich einmal im Monat in München, meistens für Veranstaltungen. Das war ideal, weil ich von zu Hause aus konzentriert an Themen arbeiten konnte. Auf den Veranstaltungen traf ich dann alle und konnte meine Sozialkontakte pflegen. Und es war auch für Siemens ein Vorteil. Ich habe die neuen Tools der virtuellen Zusammenarbeit von meinem Heimarbeitsplatz ausprobiert, und meine Chefs waren begeistert. Es ist so toll, so der Tenor der meisten Kommentare, dass ich diese Erfahrung machen und sie gleich in meine Arbeit einbringen kann.

Was hat dich bewegt, ins virtuelle Führen einzusteigen?

Ein weiteres Schlüsselerlebnis war 2016 die Messe »Future of Work« in Köln. Schon damals ging es um das Thema »Wie ist denn die Führung der

Zukunft? Wie werden sich Führungskräfte in Zukunft verhalten müssen, damit sie mit den Anforderungen der digitalen Transformation Schritt halten? Ist ein hierarchischer Führungsstil noch zeitgemäß?« Dort habe ich zum ersten Mal vom »Servant leadership«-Stil gehört, einem auf Mentoring und Coaching basierten Führen. Ich dachte, das ist genau die Art der Führung, die zu mir passt und hinter der ich stehen kann. Ich wollte das unbedingt ausprobieren und habe mit meiner Vorgesetzten vereinbart, dass ich ein Team aufbaue – mit Leuten in unterschiedlichen Ländern und ich in Italien. Manche haben nur fachlich mit mir zusammengearbeitet und disziplinarisch an eine andere Führungskraft berichtet. Das ist gerade in großen Organisationen sehr wichtig, weil laterale selbstorganisierte Teams dafür sorgen, dass abteilungs- und länderübergreifende Themen vorankommen. Mich fasziniert es schon immer, unternehmerisch tätig sein zu können, Menschen zusammenzubringen, die in unterschiedlichen Bereichen der Firma an ähnlichen Themen arbeiten, und durch Synergien und die Freude am gemeinsamen Arbeiten die Umsetzung zu beschleunigen.

Man nennt das *lateral leadership*. Eine Führung, die sich nicht in Form von einem Kästchen im Org-Chart manifestiert. In der Regel zahlt sie sich weder in Form von Titeln noch rasantem Gehaltsfortschritt aus.

Aber das war mir auch nicht wichtig. Ich wollte nie eine Karriereleiter hochklettern, mich nie dem Karrierekampf aussetzen. Ich wollte am Ort meiner Wahl leben, für eine große multikulturelle Organisation arbeiten, meine Talente in eine sinnvolle Tätigkeit einbringen, dafür Anerkennung erhalten und ein gutes Gehalt.

Welchen Herausforderungen bist du auf diesem Weg begegnet, und welche Lösungen hast du gefunden?

Es war eine gute Situation für beide Seiten. Für mich privat war toll, dass ich an dem Ort leben konnte, der mir und meinem Mann am besten gefiel, und wir uns vorstellen konnten, dort gemeinsam Kinder großzuziehen.

Aber es war auch für meinen Arbeitgeber eine gute Situation, weil ich mobiles Arbeiten und virtuelles Führen persönlich erlebt habe und die Erfahrung in meinem Aufgabengebiet Kommunikation und Change-Management einer weltweiten Organisation gut nutzen konnte.

Trotz meiner sehr hohen Eigenmotivation war mobiles Arbeiten nicht immer einfach. Ich will mal einen Überblick der Herausforderungen geben, mit denen ich vor allem in der Anfangsphase zu kämpfen hatte.

- Ich arbeite deutlich mehr.

Das Notebook ist immer griffbereit – da ist die Verlockung groß, gleich morgens nach dem Aufstehen schon mal kurz die Mails zu checken oder, wenn man das Kind ins Bett gebracht hat, noch schnell eine Präsentation fertig zu machen. Hier hilft es, darauf zu achten, nicht immer nur synchron zu arbeiten.

Einfacher wurde es, als die Abteilung damit begann, einen asynchronen Arbeitsstil zu unterstützen. Alle dokumentierten schriftlich, es gab eine gute Ablage, und Meetings wurden aufgezeichnet. So war ich bei der Aufgabenerledigung nicht an klassische Bürozeiten gebunden und konnte meinem Biorhythmus entsprechend arbeiten.

- Ich habe ein Meeting nach dem anderen und an manchen Tagen nicht einmal eine Mittagspause.

Viele übersetzten die Vor-Ort-Besprechungen einfach 1 : 1 in virtuelle Meetings. Dabei sollten virtuelle Meetings deutlich kürzer dauern. Virtuelle Meetings sollten eine klare Agenda und Struktur haben und nur Themen behandeln, die für alle relevant sind. Alles andere erledigt man lieber schriftlich und asynchron oder im direkten Gespräch mit den Leuten, die in das Thema involviert sind.

- Ich sitze am Küchentisch auf einem Küchenstuhl oder auf dem Sofa im Wohnzimmer.

Eine gute Ausstattung ist wichtig. Ideal ist ein separates Büro, sodass man auch mal die Tür zumachen kann. Ein guter Schreibtischstuhl ist essenziell. Rückenbeschwerden waren schon vor der Pandemie einer der Hauptgründe für Berufsunfähigkeit.

- Mir fällt zu Hause die Decke auf den Kopf.

Ich gehe nicht nur zum Arbeiten ins Büro, sondern auch, um meine Sozialkontakte zu pflegen. Ideal ist ein Wechsel von mobilem Arbeiten und Bürotagen.

Vor der Pandemie war ich in der Regel ein bis zwei Mal im Monat für mehrere Tage im Büro. An meinen Bürotagen war es mein Ziel, möglichst viele Leute zu treffen oder gemeinsam im Team an Konzepten zu arbeiten.

Wenn man viel von zu Hause arbeitet, ist es wichtig, dass man sich an seinem Wohnort ein persönliches Netzwerk aufbaut und bewusst pflegt. Ich habe seit Jahren meine Yogastunde immer um die Mittagszeit. So kann ich zwischendurch abschalten und bin dann wieder viel aufnahme- und leistungsfähiger. Und meinem Rücken tut es auch sehr gut.

Was ich seit der Geburt meines Sohnes schätze: Als Mama konnte ich immer sehr präsent sein und an seinem Leben teilhaben. Ich bringe ihn beispielsweise zum Fußballplatz und mache meine Meetings von dort aus und bekomme so das eine oder andere seiner Tore mit und wie er sich in einem Team verhält. Das geht natürlich nicht bei allen Themen. Ich lege mir bewusst die Meetings in die Trainingsdauer, bei denen eine Fußballgeräuschkulisse im Hintergrund nicht stört.

- Wenn ich von zu Hause arbeite, leidet meine Karriere.

Das ist definitiv ein Thema, worauf man sehr achten muss. Vor allem, wenn Firmen nach der Pandemie hybride Arbeitsmodelle starten. Dann dürfen Mitarbeitende, die remote sind, nicht zu Mitarbeitenden zweiter Klasse degradiert werden. Das erfordert von beiden Seiten – Vorgesetzten und Mitarbeitenden –, offen und transparent zu sein. Zum Beispiel habe ich immer sehr darauf geachtet, meine Vorgesetzte zu involvieren und auf dem Laufenden zu halten. Dadurch entstand Vertrauen, und das führte zu immer mehr Freiraum und selbstbestimmtem Arbeiten.

- Ich fühle mich nicht mehr als Teil des Teams.

Damit trotz Flexibilität und individueller Vorgehensweise das Teamgefühl nicht leidet, ist es wichtig, dass es regelmäßig Treffen mit dem gesamten Team gibt, die auch Teambuilding-Elemente enthalten. Der Fokus ist nicht allein auf Arbeitsergebnissen, sondern es gibt Raum für persönliche Themen, gegenseitiges Kennenlernen und Vertrauenaufbauen. Wir sind während meiner München-Aufenthalte nach der Arbeit oft gemeinsam zum Abendessen gegangen. Sehr gerne erinnere ich mich an unser Kamera-Training für das gesamte Team mit einem Kameramann, der vorwiegend für die Formel 1 arbeitet.

Regelmäßige Retrospektiven, sich der Erfolge bewusst zu werden und diese zu feiern ist ebenfalls wichtig. So entstehen Nähe und ein Wir-Gefühl, das ein Team in Zeiten der virtuellen Zusammenarbeit trägt.

Was hat dich bestärkt, diese Arbeitsweise zu entwickeln?

Ich habe kürzlich bei meinen Eltern alte Fotos und Unterlagen angeschaut und dabei entdeckt, dass mein Vater gerne nach Kanada ausgewandert wäre. Er ist Flüchtling, der als Jugendlicher während des zweiten Weltkrieges von Ungarn ausgewiesen wurde und nach Deutschland flüchten musste. Als er 20 Jahre alt war, wollte er nach Kanada auswandern. Weil sein Vater im Krieg gestorben war und noch jüngere Geschwister da waren, hat meine Oma das verhindert. Es war mir sehr bewusst, dass es in meiner Familie auf beiden Seiten, also sowohl väterlicherseits als auch mütterlicherseits, Menschen gab, die nicht selbstbestimmt handeln konnten. So war es damals. Das waren dramatische Zeiten, da ging es nicht anders. Aber ich hatte die Chance, das für mich anders zu gestalten. Meine Eltern hatten nie Erwartungen an mich und meinen Bruder – außer, dass wir glücklich und zufrieden sind.

Wie hast du gewusst, dass deine Vorgehensweise wirksam war?

Ich hatte viele junge Mitarbeitende im Team und wollte genau das Gute, das ich in sehr jungen Jahren erlebt habe, für mein Team möglich machen und ihnen Freiheit und Flexibilität geben. Viele Leute waren sehr lange in meinem Team. Da wusste ich, dass es wirksam ist. Und viele – eigentlich alle, die es wollten – sind immer noch bei Siemens. Einige sind jetzt in Führungsrollen und sind auch mit diesem Führungsstil und mit dieser wertschätzenden Haltung unterwegs.

Ich wusste, dass die Arbeitsweise wirksam ist, weil sie bei meinen Vorgesetzten und internen Kunden gut ankam und diese mir sukzessive immer mehr Freiheiten eingeräumt haben. Ich durfte neue Themen austesten, wie zum Beispiel neben meiner Aufgabe in der Regelorganisation den *digital comms accelerator*, ein selbstorganisiertes Team, aufbauen, in dem wir mit neuen Formen der Zusammenarbeit und Führung experimentiert und sehr erfolgreich konzernweit innovative digitale Kommunikationskanäle aufgebaut und eingeführt haben.

Und auch als *digital comms accelerator* waren wir sehr wirksam: Wir haben viele Themen umgesetzt, die im Unternehmen einen großen Mehrwert stiften, beispielsweise einen *Inhouse-streaming-Service* für die Eigenproduktion professioneller Webcasts. Der Service ist gerade gefragter denn je, denn in Zeiten von Arbeiten im Homeoffice ist es sehr wichtig, virtuelle Veranstaltungen inspirierend und unterhaltsam zu gestalten.

In einem anderen Projekt haben wir einen *digital engagement service* eingeführt, also ein System, wie Informationen und Inhalte auf Videobildschirmen in Büros und Werken angezeigt werden können. Auch dieser Service ist gerade sehr wichtig für die Kommunikation der Corona-Regelungen in den Siemens-Werken.

Welche Themen sind dir heute wichtig?

Aktuell verantworte ich das Thema Employer Branding, also die Außendarstellung der Firma als attraktiver Arbeitgeber. Dabei liegt mir das Thema »Frauen in Technologieberufen« sehr am Herzen. Frauen sind nach wie vor unterrepräsentiert in der IT. Das wirkt sich auch auf Führungsrollen aus: Nur 15 % der Führungspositionen sind mit Frauen besetzt – je höher in der Hierarchie, desto weniger Frauen sind zu finden.

Janina Kugel, unsere ehemalige Personal-Vorständin, hat Siemens Anfang 2020 verlassen. Einige Monate später hat sie gemeinsam mit Managerinnen, Forscherinnen, Künstlerinnen, Schauspielerinnen und Politikerinnen die medienwirksame Initiative *#ichwill* gestartet – auch unterstützt von vielen Männern. Mit ihrem Einsatz haben sie es geschafft, dass es in Deutschland erstmals verbindliche Vorgaben für Frauen in Vorständen gibt, also eine verpflichtende Frauenquote. Ein Jahr später, 2021, berichtete die AllBright-Stiftung den bislang größten jährlichen Zuwachs an Frauen in den Vorständen der deutschen Börsenunternehmen. 28 % der neu rekrutierten Vorstandsmitglieder waren Frauen. Das ist ein erster Erfolg. Aber auch weiterhin haben 81 der 160 Börsenunternehmen keine einzige Frau im Vorstand.

Mich hat das Engagement von Frauen wie Janina Kugel und auch die Macht von Social Media beeindruckt, ganz besonders bei der Initiative *#ichwill*, die sehr viele Menschen über die sozialen Medien erreicht hat. Da habe ich mir die Frage gestellt: Was kann ich tun, welchen Beitrag kann ich leisten, um Frauen sichtbarer zu machen und zu ermutigen, in Führung zu gehen?

Wie können wir deiner Meinung nach das entstandene Potenzial des virtuellen Arbeitens und Führens zukünftig nutzen, um die Situation von Frauen in der Arbeitswelt verbessern?

Vor einem Jahr habe ich auf dem LinkedIn-Kanal der Siemens Coaching-Initiative für Frauen »GROW2GLOW« die Serie »Let them shine« ins Leben gerufen. Mein Anliegen ist es, Frauen bei Siemens vorzustellen, um andere Frauen zu inspirieren. Die Frauen kommen aus unterschiedlichen Ländern, haben unterschiedliche Rollen – jede mit ihrem eigenen beeindruckenden Lebensweg, ihren Träumen, Zielen, Erfahrungen.

Über dieses Engagement habe ich Frauen in Pakistan kennengelernt und erfahren, dass viele jung verheiratet werden und überhaupt keine Chance haben, in der Arbeitswelt Fuß zu fassen. Sie werden erzogen, gute Mütter und Ehefrauen zu sein. *Mobile working* ist eine enorme Chance für Frauen in solchen Gesellschaften. Wenn sie von zu Hause aus arbeiten dürfen, ist es wesentlich einfacher, Familie und Beruf unter einen Hut zu bekommen. Das habe ich selbst erlebt. Mir blieb nach der Geburt meines Sohnes die Teilzeitfalle erspart, weil ich mir durch meinen Telearbeitsvertrag die Zeit flexibler einteilen konnte. Viele Frauen gehen auf Teilzeit, um die Kinder rechtzeitig von der Krippe abholen zu können und die ganze Familienlogistik neben dem zeitlich unflexiblen Vor-Ort-Job zu bewältigen. Teilzeit ist in den allermeisten Fällen das Ende der Karriere.

Mobiles Arbeiten ist eine Chance für Frauen in Deutschland, aber eine noch größere für Frauen in Pakistan und ähnlichen Ländern. Ich habe Anfang 2021 ein Pilotprojekt ins Leben gerufen, in enger Zusammenarbeit mit Siemens Pakistan. Dort gibt es jetzt zum ersten Mal einen Werkstudentenvertrag. Wir haben bei Siemens Pakistan vor sechs Monaten unsere erste Bachelor-Studentin eingestellt. Sie arbeitet 100 % remote für ein IT-Projekt in Italien. Mit dem Gehalt kann sie sich ihr Masterstudium selbst finanzieren. Die Zusammenarbeit funktioniert – nach einer interkulturellen Anpassungsphase und steilen Lernkurve auf beiden Seiten – sehr gut, und wir planen, das Programm auszubauen.

Welche Kompetenzen sind die Grundvoraussetzung für das Gelingen dieser neuen Arbeitsformen?

In Technologiekonzernen wie Siemens liegt der Fokus auf den Fachkenntnissen. Es gibt zwar einen Karrierepfad für Experten, aber nach wie vor ist es der gängige Weg des beruflichen Aufstiegs, Mitarbeitende zu führen. So kommen oft fachlich versierte Menschen in Führungspositionen, vermissen dann aber ihre Expertenrolle und sind als Führungskraft weder geeignet noch glücklich.

Meiner Meinung nach sind die wichtigsten Kompetenzen im mobilen Arbeiten das Zwischenmenschliche, die sogenannten »weichen« Faktoren, die aber eigentlich die starken sind, also Empathie, Vertrauen, Nähe, Präsenz.

Die weichen Faktoren sind umso wichtiger, je virtueller ein Team arbeitet. Da tut uns die neue Arbeitsform gerade sehr gut, weil viele merken, wie wichtig es ist, in einem Meeting erst mal zu fragen, wie es dem anderen geht, und erst dann in fachliche Themen einzusteigen. Authentisch ist das aber nur dann, wenn auch die Führungskraft etwas von sich preisgibt. Storytelling-Kompetenz kann dabei helfen – also, dass man seine Vision oder Strategie in eine Geschichte verpackt. Das ist viel motivierender, als Ziele über Performance-Indikatoren zu messen. Natürlich sind Ziele immer wichtig, aber sobald sie klar sind, geht es darum, Raum zu geben, dass etwas entstehen kann, und darauf zu vertrauen, dass etwas Gutes entstehen wird.

Außerdem muss das Umfeld stimmen – gerade jetzt, wo wir uns so selten persönlich treffen. Es geht darum, ein Umfeld zu schaffen, in dem sich alle einbringen können.

Eine weitere wichtige Kompetenz ist das Unterstützen im Hintergrund. Ich vertraue meinen Teammitgliedern immer und gebe ihnen Freiheit in der Umsetzung der Themen. Ich weiß aber auch, wenn eine Aufgabe eine Nummer zu groß ist, vor allem in einem weltweiten Konzern mit hoher Komplexität. Meine Aufgabe ist es dann, im Hintergrund Hürden aus dem Weg zu räumen, sodass sich die Leute auf ihre Aufgaben konzentrieren können.

Eine wichtige Rolle spielt auch die Fähigkeit, die richtige Auswahl der Teammitglieder zu treffen. Ich war schon immer überzeugt, dass Diversität zu mehr Kreativität und Produktivität führt. In einem Team sollten unterschiedliche Menschen, Geschlechter, Erfahrungen und Kenntnisse vertreten sein.

Hier hilft uns mobiles Arbeiten, weil wir Zugriff auf einen weltweiten Talentpool haben. Ich habe die Vorteile von Diversität sehr zu schätzen gelernt, als ich während meines Studiums der internationalen BWL dreimal im Ausland war und unterschiedliche Kulturen und Mentalitäten kennenlernen durfte. Als ich im ersten Job bei Siemens nach nur neun Monaten in München nach Asien entsandt wurde, habe ich mein interkulturelles Team aufgebaut. Zehn Nationalitäten und etwa gleich viele Frauen wie Männer. Das war sehr inspirierend und hat allen viel Spaß gemacht. Der Erfolg gab uns recht, denn wir haben mit unserem professionellen multilingualen Trainingsprogramm entscheidend zum Projekterfolg beigetragen.

Ich finde es beispielsweise auch spannend, jemanden aus einem ganz anderen Kontext ins Team zu holen. Viel wichtiger als Fachkenntnisse ist die Persönlichkeit eines Menschen und die Offenheit für Neues. Natürlich ist das erst einmal irritierend und anstrengend: Wenn ich einen angehenden Schauspieler, eine Sportstudentin oder einen Softwareentwickler in unser Kommunikationsteam aufgenommen hatte, musste ich ab und zu mal Zeit investieren, um ihnen Excel oder Powerpoint zu erklären, aber es hat sich immer gelohnt.

Welche Kompetenzen brauchen die Mitarbeitenden in einem virtuellen Umfeld?

Auf jeden Fall Eigeninitiative, weil man von zu Hause vom »Flurfunk« nichts mitbekommt. Im Büro lernt man vieles passiv, weil man zufällig etwas mithört, was einen weiterbringt. Für mobil Arbeitende ist es wichtig, die Initiative zu ergreifen und bei Zweifeln zu fragen. Außerdem Begeisterung, Mut und Pioniergeist, das Beste aus dieser neuen Situation zu machen. Ausprobieren, wie und wann man gut arbeitet, Pausen braucht, wie man kommuniziert, welche Tools sich eignen, um den Arbeitstag zu strukturieren und virtuell zusammenzuarbeiten.

Auf ein Thema habe ich als mobil Arbeitende sehr geachtet: Ich habe bei jeder Gelegenheit erwähnt, wie toll ich es von meinen Vorgesetzten fand, dass sie mir diese Arbeitsweise ermöglichen. Sie wussten immer über unsere Erfolge Bescheid, durften diese präsentieren. Vorgesetzte, die mutig sind und Freiheit geben, sollte man als Mitarbeitende in eine Position versetzen, ihren mutigen Schritt jederzeit rechtfertigen zu können.

Gibt es einen Unterschied zwischen direkter, persönlicher und virtueller Kommunikation?

Wenn man sich persönlich trifft, kann man das einfacher gestalten. In Italien zum Beispiel umarmt man sich bei einem Treffen erst einmal, und das schafft Nähe.

Bei persönlicher Kommunikation hat man mehr Zeit für Themen. In Workshops gibt es Kaffeepausen, man geht gemeinsam Mittagessen und kann im ungezwungenen Rahmen auch mal über Persönliches reden.

Im Büro ergibt sich vieles spontan. Man hat die Leute vor sich sitzen, und Gespräche ergeben sich oft auf Zuruf zwischen Tür und Angel. Das ist für einige Führungskräfte die Hauptform der Teamkommunikation. Deshalb tun sie sich schwer, wenn das Team nicht mehr vor Ort ist.

Bei virtueller One-to-one-Kommunikation hat man in der Regel immer einen Gesprächsanlass und kontaktiert im virtuellen Umfeld vielleicht auch eher die Leute, mit denen man gut auskommt.

Das kann zu Informationsdefiziten bei manchen Teammitgliedern führen. Introvertierteren Mitarbeitenden oder neuen Kolleginnen und Kollegen fällt es eventuell schwerer, sich einzubringen.

In der virtuellen Kommunikation ist immer ein Tool, also eine Barriere zwischen den Kommunizierenden. Das darf man nicht unterschätzen, denn das ist zunächst einmal ein Stressfaktor. Dadurch ist vor allem die Anfangsphase eines virtuellen Meetings nicht ganz so entspannt. Man ist erst einmal mit der Technik beschäftigt.

Wie gelingt die Kommunikation im virtuellen Raum?

Kommuniziert man mit räumlich verteilten Mitarbeitenden, sollte man sich schon im Vorfeld des Meetings Gedanken machen: Was ist die Absicht? Warum berufst du jetzt das Meeting ein? Was genau sagst du?

Das ist strukturierter und spart Zeit. Es kann aber auch sein, dass ohne das kreative Chaos – das entsteht, wenn sich Menschen vor Ort treffen und sich mit Mimik und Gestik wahrnehmen, weniger Ideen entstehen.

Die Meetingqualität im virtuellen Raum steigt deutlich, wenn das Meeting moderiert ist. Der Moderator oder die Moderatorin sollte alle Teilnehmerinnen und auch den Chat im Blick haben. Kamera anschalten hilft immer, weil, wie schon beschrieben, Mimik und Gestik sehr wichtig sind und weil es einfach total langweilig ist, wenn man acht Stunden lang auf Avatare schaut.

Die Kommunikation wird persönlicher, wenn zu Beginn der Besprechung alle kurz zu Wort kommen. Für die Gestaltung dieser Check-in-Runden gibt es tolle Einstiegsfragen im Internet. Ich habe schon einige ausprobiert, zum Beispiel der Einstieg mit der Frage »Welchen Gegenstand würdest du auf eine einsame Insel mitnehmen?« oder »Welches Emoji beschreibt deine Stimmung?« oder »Was ist der schönste Ort, an dem du je warst?« Das Check-in gibt jedem Teammitglied die Möglichkeit, kurz etwas zu sagen und vielleicht auch etwas Persönliches preiszugeben, damit man eine gute Basis hat. So verschwinden auch schüchterne Leute nicht gleich in der Virtualität. Wichtig ist darüber hinaus, dass sich auch die Kolleginnen und Kollegen vor Ort über ihr Notebook einloggen. Damit wird vermieden, dass sich die Kollegen vor Ort durch Blickkontakt abstimmen können. Wenn sich alle einwählen, sind alle auf dem Bildschirm mit ihrem Kamerabild sichtbar. Und wenn im Raum etwas passiert, das auch für die virtuellen Teilnehmer interessant ist, sollte das per Handykamera eingefangen und auch virtuell transparent gemacht werden.

Zum Flipchart gibt es mittlerweile gute Alternativen in Form eines virtuellen Boards, auf das alle zugreifen können, und einen Team-Chat. E-Mails sollten nur dann genutzt werden, wenn man mehrere Personen zu einem wichtigen Thema informiert oder die Inhalte eine Verschlüsselung erfordern. Alles, was man normalerweise im Büro miteinander besprochen hätte, ist besser in einem Team-Chat aufgehoben. Daran sollten sich auch die Führungskräfte beteiligen.

Überhaupt ist asynchrone Kommunikation für virtuelle oder hybride Teams sehr wichtig. Je mehr wir es schaffen, das, was vorher als große Real-time-Konversation stattgefunden hat, auf schriftliche Chats zu verlagern, desto flexibler kann jeder arbeiten. Die Information steht zeitunabhängig zur Verfügung und kann von jedem zum geeigneten Zeitpunkt abgerufen werden. So kommen wir immer mehr weg vom synchronen Arbeiten von 9 bis 17 Uhr.

Ein besonders wichtiges Thema ist die Kommunikation mit neuen Mitarbeitenden. Diese tun sich eventuell mit einem völlig virtuellen Onboarding schwer. Hier bietet sich an, dass man mit Teammitgliedern eine Zeit vereinbart, zu der jeder an seinem Thema arbeitet, man aber gleichzeitig online in einem virtuellen Meeting ist. So kann man sich austauschen, wenn eine Frage aufkommt, oder einfach nur mal kurz reden. Das ist dann fast so, als ob man die Teammitglieder neben sich hat – nur eben über Zoom oder Teams.

Was sollte man bei der virtuellen Kommunikation auf alle Fälle vermeiden?

Das Wichtigste ist, dass man die Besprechungen, die vorher vor Ort stattgefunden haben, nicht einfach 1:1 im virtuellen Umfeld abbildet. Virtuelle Meetings sollten nicht zu lange dauern. Eine Meetingdauer von mehreren Stunden ohne Pausen ist ein absolutes No-Go.

Meetings, die nicht gut geplant sind, sorgen für Frust. Also lieber kürzer, aber in dieser Kürze dann auch tatsächlich präsent sein. Ich glaube, dass sich mittlerweile viele zwar in die Meetings einwählen, aber nebenher etwas anderes machen. Viel besser sind regelmäßige kurze Meetings – mit Themen, die für alle relevant sind, mit interaktiven Elementen und Abfragen.

Besprechungen oder Workshops sollten sich nicht nur auf der Sachebene abspielen. Die Aufmerksamkeit der Teilnehmenden erhält man dann, wenn man nicht nur Geschäftliches, sondern auch etwas Persönliches mitteilt. Das ist immer der erste Schritt – und es hat Signalwirkung.

Es darf keinen Wissensvorsprung für die Mitarbeitenden vor Ort geben – also, dass Leute vorab in der Teeküche schon erfahren haben, was die anderen erst im virtuellen Termin hören. Man sollte sehr darauf achten, über wichtige Themen alle gleichzeitig zu informieren und wirklich transparent zu sein in der Kommunikation. In Teams mit vielen mobil Arbeitenden sollte man Informationen asynchron zur Verfügung stellen. Je mehr uns das gelingt und je besser das durch Tools unterstützt wird, desto höher ist die Flexibilität. In meinen Gesprächen zum Thema Arbeit im Homeoffice ist Flexibilität das Thema, das alle schätzen. Selbst wenn es in den letzten Monaten viele Schwierigkeiten und Hürden gab, Arbeiten vom Küchentisch, *Homeschooling*, die Sorge um ältere Familienangehörige, Zukunftsängste. Trotzdem schätzen alle sehr, dass sie im *Homeoffice* flexibler sind.

Außerdem ist es wichtig, sich nicht in eine Beschleunigungs-Trance versetzen zu lassen. Im virtuellen Raum wird vieles noch schneller, da Leute auch nachts schreiben oder früh morgens – je nachdem, wann der Biorhythmus am aktivsten ist. Da kann schnell das Gefühl entstehen, dass man sofort darauf antworten und reagieren muss. Es ist wichtig, bei seinem eigenen Rhythmus zu bleiben und kritisch zu hinterfragen, ob etwas wirklich sofort passieren muss oder ob man sich Zeit lassen kann.

Eine regelmäßige Retrospektive finde ich auch sehr wertvoll, um den Fortschritt regelmäßig gemeinsam zu evaluieren. Passt es für alle? Für wen passt es nicht? Und wie können wir es anpassen – dieses »Wir lernen gemeinsam« und »Wir wachsen gemeinsam an diesem Thema«?

Die USA sind uns Europäern hier ein paar Schritte voraus. Amerikaner sind insgesamt flexibler und experimentierfreudiger, nicht an einen Wohnort gebunden. Dort fasst mobiles Arbeiten meiner Meinung nach gerade schneller Fuß als in Europa. Viele sind schon umgezogen, weg von den teuren Metropolen aufs Land, wo die Lebenshaltungskosten deutlich günstiger sind und die Lebensqualität höher. Dort gibt es viele kleine Start-ups, die Lösungen entwickeln, um mobiles Arbeiten zu verbessern – unter anderem für die virtuelle Zusammenarbeit und effiziente Kommunikation.

Gibt es allgemeine oder individuelle Regeln, die sich im Arbeitsalltag bewährt haben?

Wenn man von zu Hause aus arbeitet, sollte man bewusst Leute treffen und rausgehen aus der eigenen Wohnung, den eigenen vier Wänden. Ich fahre ab und zu die zwei Stunden von meinem Wohnort in Genua ins

Siemens-Büro in Mailand, obwohl ich mit der Organisation dort thematisch nichts zu tun habe. Aber es tut manchmal gut, in einem Büroumfeld zu sein, Leute zu treffen und gemeinsam in der Kantine zu essen, anstatt sich selbst etwas kochen zu müssen. In Zukunft kann ich mir vorstellen, dass es Coworking-Spaces auch in kleineren Orten geben wird und man sich dort mit anderen treffen kann – mit Leuten von unterschiedlichen Firmen, was sehr bereichernd sein kann.

Individuell ist Selbstmanagement ganz wichtig, Grenzen kennen und setzen. Und Rituale. Ein guter Start in den Tag ist entscheidend, nicht sofort loslegen, sondern beispielsweise erst einmal in Ruhe frühstücken und eine Runde spazieren gehen. Manche Meetings oder Gespräche kann man an der frischen Luft machen.

Was sollten Teamleiterinnen im Zusammenhang mit mobile working besonders beachten?

Der wichtigste Punkt ist *psychological safety*, also ein psychologisch sicheres Umfeld. Ich höre gerade von vielen, dass sie sich unsicher fühlen mit der neuen Arbeitsweise, dass sie befürchten, nicht mehr sichtbar zu sein. Oder dass sie als mobil Arbeitende zu Mitarbeitenden zweiter Klasse werden. Führungskräfte sollten diese Befürchtungen und Ängste ausräumen. Ich hatte zu Beginn schon erwähnt, dass die individuelle Identität viel stärker ausgeprägt sein wird, wenn man in den eigenen vier Wänden arbeitet und die gleichmachende Wirkung des Büros wegfällt. Die Teamkultur muss ganz bewusst gepflegt werden, mit regelmäßigen gemeinsamen Teamtagen oder *Offsite*-Workshops.

Gibt es besondere Entwicklungsräume für Teamleiterinnen, um sich für diese Form der Zusammenarbeit fit zu machen?

Ich glaube, dass wir gerade eine große Chance haben, uns in unserer Persönlichkeit weiterzuentwickeln. Das virtuelle Führen verlangt automatisch, sich gut zu reflektieren, auch etwas von sich preiszugeben, sich verletzlich zu zeigen. Ich bin mir sicher, dass Coaching und Supervision in Zukunft einen wichtigen Stellenwert einnehmen werden. Wir sehen das bei Siemens jetzt schon. Wir haben seit 2016 die Coaching-Initiative für Frauen »GROW2GLOW«. Das war die Idee einer Mitarbeiterin, die eine Coaching-Ausbildung gemacht hatte und Coaching für Frauen auf eine breitere Basis stellen wollte – im In- und Ausland. Das Ganze geschieht selbstorganisiert, beruht auf Eigeninitiative und ist mittlerweile in vielen Ländern vertreten. Frauen, die Coaching in Anspruch nehmen möchten, können sich bewerben und erhalten drei kostenlose Coaching-Stunden, die von über 100 Coaches weltweit ehrenamtlich erbracht werden.

Aktuell wird dieses Angebot für alle Mitarbeitenden erweitert.

Was war für dich das Highlight, das du bei dieser Form von Arbeit erlebt hast?

Ganz klar die Flexibilität und das eigenverantwortliche Arbeiten und die Energie, die das bei mir freigesetzt hat – seit Beginn meiner Karriere. Diese unvergleichliche Erfahrung: »Arbeit ist nicht ein Ort. Arbeiten kannst du von überall mit einer Internet-Verbindung.«

Mein fachliches Highlight war der Aufbau des *inhouse streaming service*. Ich habe ja schon erwähnt, dass ich damals die IT-Infrastruktur-Abteilung mit über 1.000 Mitarbeitenden in fast 50 Ländern betreut habe. Wie motivierst du die? Am einfachsten über Webcasts, die nicht nur die reine Information, sondern auch Emotionen vermitteln und über die man ein geografisch verteiltes Team begeistern kann. Nur war das sehr teuer, wenn wir externe Agenturen im Einsatz hatten. Dass wir es dann geschafft haben, den Service in Eigeninitiative selbst aufzubauen, mit deutlich geringeren Kosten, das war genial. Zu Beginn haben alle gesagt: »Das wird nie funktionieren, das Siemens-Netzwerk ist so komplex.« Aber wir haben es geschafft! Die Stimmung und Energie im Team waren etwas ganz Besonderes. Das werde ich nie vergessen.

Welche positiven Auswirkungen haben sich durch mobiles Arbeiten allgemein gezeigt?

Eine sehr positive Energie. Das Gegenteil von innerlich kündigen. Wenn Firmen das verstehen, dieses Potenzial, über mehr Vertrauen und Flexibilität die 70 % der Mitarbeitenden aus der inneren Kündigung zurückzuholen! Auch ein hybrides Arbeitsmodell, in dem man sowohl remote als auch vor Ort arbeiten kann, kann flexibel sein. Wichtig ist, dass die Mitarbeitenden frei entscheiden dürfen und es keine festen Regeln gibt, wann man vor Ort sein muss.

Einen Teil dieser neuen Energie zu nutzen für soziale Themen, darin sehe ich wie gesagt ein sehr großes Potenzial, nicht nur für die Firmen, sondern für unsere Gesellschaft.

Welche sozialen und makroökonomischen Trends zeichnen sich ab?

Talente gibt es überall auf der Welt. Ich habe diesen weltweiten Talentpool schon in den vergangenen Jahren genutzt. Mein Team war immer länderübergreifend aufgestellt und ich hatte viele talentierte Mitarbeitende im Ausland. Aber auch innerhalb Deutschlands haben nicht alle Lust, für einen Job oder einen nächsten Karriereschritt in eine andere Stadt zu ziehen. Über mobiles Arbeiten kann man diese Talente virtuell ins Team holen. So gewinnen beide Seiten. Der Mitarbeitende, der an seinem bevorzugten Ort bleiben kann, und die Firma, die sich die Talente sichert. Natürlich gibt es Gegenargumente und Ängste – beispielsweise, dass Firmen dann nicht mit den teuren europäischen Leuten arbeiten, sondern sich in Ländern mit niedrigeren Gehaltskosten bedienen.

Aber auch in den Niedriglohn-Ländern ändert sich der Arbeitsmarkt gerade. Es gibt lokale Start-ups, die den Absolventen deutlich mehr bezahlen als internationale Konzerne. Makroökonomisch gesehen können wir über mobiles Arbeiten kleinere Städte und Randzonen stärken. Hier in Italien mussten beispielsweise vor Covid junge Menschen, vor allem Berufseinsteiger, nach Mailand ziehen. Als 2020 der erste *Lockdown* angekündigt wurde und klar war, dass man monatelang die Wohnung nicht würde verlassen können, sind viele Süditaliener in ihre Heimatstädte zurückgezogen – das war eine Art Massenflucht. Viele sind immer noch dort und arbeiten seit zwei Jahren von dort aus. Und es tut diesen Regionen extrem gut, weil sie Mailänder Gehälter verdienen und ihr Geld in ärmeren Regionen ausgeben – in Läden, Restaurants, Reinigungen und so weiter.

Du bist eine Pionierin des mobilen und länderübergreifenden Arbeitens. Was ist dein Fazit zur aktuellen Situation?

Was gerade entsteht, ist eine globale Vernetzung. Und zwar nicht nur in der Technologie, sondern auch unter uns Menschen. Wir sind alle in derselben Situation: *Lockdowns, work from home, online everything*, ... Interaktion findet verstärkt über die sozialen Medien statt. Und ich glaube, dass wir uns der Kraft des Netzwerks und der *communities* noch mehr bewusst werden sollten. Dann wird transparent, was an unterschiedlicher Stelle der Welt entsteht. Alle sind mit denselben Themen beschäftigt. Je mehr wir in Form von *learning out loud* unsere Erfahrung teilen, desto einfacher wird der Weg in eine neue Arbeitswelt, in der wir flexibler und selbstbestimmter sind.

Es ist mit Sicherheit die größte Chance der letzten hundert Jahre, in unserer Arbeitsweise einen Quantensprung zu machen. Das Schöne ist, dass wir gerade nicht nur die Zukunft der Arbeit gestalten, sondern auch die Art und Weise, wie wir zukünftig leben.

Gab es in deinem Leben einen Schlüsselmoment, der den Stein ins Rollen gebracht hat?

2008 musste ich während meiner Ausbildung zur Reteaming Coach bei dir, Willi, einen Brief an mich selbst schreiben – aus der Zukunft betrachtet, mit einem Rückblick auf mein erfolgreiches Leben, das ich noch mal Revue passieren lassen sollte.

Das war zu der Zeit, als ich zwischen München und Mailand gependelt bin. Montags nach München und freitags zurück nach Mailand. In diesem Brief an mich selbst habe ich geschrieben, dass ich mit meiner Familie in Genua am Meer leben und von dort arbeiten werde und wir ein Segelboot besitzen.

Und genau so ist es gekommen: Wir wohnen seit über 10 Jahren in der faszinierenden Hafenstadt Genua mit tollem Umland, mein *Homeoffice* hat Meerblick, seit drei Jahren teilen wir uns mit Freunden ein Segelboot und seit Juni 2021 habe ich meinen Segelschein (s. Kap. 2.5).

Epilog

Es ist unmöglich, in einem Team zu leben und zu arbeiten und dabei keine Konflikte zu haben. Ein Team ist gewissermaßen ein »Generator« für die Entstehung von Konflikten. Wir alle möchten gesund bleiben, um unser Potenzial immer weiter entfalten zu können und uns von guten Beziehungen bereichern zu lassen. Deshalb müssen wir einen möglichst konstruktiven Umgang mit Konflikten erlernen und pflegen.

Nach jahrzehntelanger lösungsorientierter Beratung weiß ich: Manche Probleme in Teams konnten nicht endgültig und einige auch nicht ansatzweise gelöst werden. Und dennoch führten lösungsorientierte Kommunikationsprozesse nie in die Katastrophe, vielmehr kam es manchmal zu unerwarteten Lösungen wie Neubeginn oder auch Trennung. In den allermeisten Fällen aber führte der Reteaming-Prozess zu Lösungen, die die Tragfähigkeit der Beziehungen unter den Teammitgliedern stärkten und die Ökologie im Team optimierten.

Entscheidend ist für mich nicht, dass wir alle Probleme in Teams bis ins Letzte »rückstandsfrei« lösen. Denn das kann niemand. Entscheidend ist vielmehr, *wie* wir versuchen, die Probleme anzugehen und zu lösen. Die gemeinsame Absicht, der gute Wille, einen Konflikt konstruktiv anzugehen, bewirkt schon Positives. Die Qualität unserer Kommunikation gerade in herausfordernden Situationen entscheidet maßgeblich darüber, ob wir uns im Team im Laufe der Zeit gemeinsam weiterentwickeln und an den Herausforderungen wachsen können oder ob wir uns gegenseitig abwerten, anfeinden oder sogar bekämpfen. In der dialogischen Lösungsorientierung finden wir darauf wichtige Antworten. Wenn Konfliktparteien einander Zeit, Aufmerksamkeit und Raum für echten Dialog widmen, bei dem das gegenseitige Verstehen im Vordergrund steht, können neue Möglichkeiten des Miteinanders entstehen – selbst, wenn sich eine Einigung nicht oder nur bedingt erzielen lässt. Man kann sich schließlich ja auch »zwei-nigen«.

Im Dialog steht das Zuhören im Vordergrund. Kontraproduktiv und zerstörerisch sind schnelle Wertungen, Diagnosen und Entscheidungen. Wenn aber das Gespräch unter einer gemeinsamen Perspektive in die Zukunft weist, können Ansätze für neue Sichtweisen ganz automatisch entstehen. Unzählige Studien zeigen, dass gelingende Beziehungen auf Wertschätzung und einem tiefen Verständnis füreinander beruhen. Verstehen ist das am besten konfliktlösende Element überhaupt.

Es obliegt mir nicht, Prognosen über zukünftige Organisationsformen abzugeben, daran sollen sich Berufenere wagen. Aber so viel dürfte klar sein: In Zukunft werden wir mit neuen, ungewöhnlichen Herausforderungen konfrontiert sein. Die Verknüpfung von lösungsorientierter Teamentwicklung und dem Führen mit Neuer Autorität scheint mir ein probates Mittel zur Stärkung von Organisationen zu sein. Mir war es vergönnt, so viele Teams in durchwegs herausfordernden Phasen erleben zu können. Ich habe die meisten dafür bewundert, welche Kräfte sie sogar oder gerade bei großer Gefahr oder nach Schockzuständen mobilisieren konnten. Sie waren in der Lage, scheinbar aussichtlose Probleme zu meistern und gestärkt sowie geeint eine Vorwärtsbewegung auszulösen. Die Essenz, die ich in allen Teamentwicklungen erlebt habe, manifestiert sich in der Erkenntnis: Es geht dabei immer um lösungsorientierte Kommunikation unter den Beteiligten. Kann sie aufrechterhalten werden, kommt es zu guten Ergebnissen.

Im Fokus von Leadership und Beratung sehe ich ganz besonders den Dialog, die Kommunikation auf Augenhöhe, das Zuhören, das Verstehenwollen – und das, obwohl man vielleicht unterschiedlicher Auffassung ist und möglicherweise auch bleiben wird. In dieser Auseinandersetzung kann das Neue entstehen. Das bisher nicht Gedachte entspringt der Unterschiedlichkeit. Das geduldige Aushandeln neuer Vernünftigkeiten und das »Im-Gespräch-Bleiben« sowie der Verzicht auf Gewalt, wie immer sie sich zeigt. Zwei oder mehr schwingungsfähige Körper (Menschen) setzen einander im Dialog durch »Berühren und Berührtwerden« in Schwingung. Resonanz ist keine Echo-, sondern eine Antwortbeziehung: Sie setzt voraus, dass beide mit eigener Stimme sprechen und offen genug sind, um anzuregen oder sich erreichen zu lassen. Resonanz ist ein Beziehungsmodus. Jeder wird angeregt zu schwingen, aber jeder schwingt in seiner eigenen Frequenz (Rosa 2016, S. 281–298).

Ein weiterer Aspekt kam für mich in der Corona-Pandemie ins Spiel: Ein neues Entwicklungsfeld kristallisiert sich um den Begriff Resilienz für das Team heraus, also eine organisationale Resilienz. Dabei geht es um die Frage: Wie können wir das Team, die Organisationseinheit, die gesamte Organisation widerstandsfähig gegen Krisen machen? Gemeint ist dabei aber nicht nur die Robustheit oder der Widerstand gegen Krisen, sondern die Fähigkeit zurückzufedern. Manchmal ist Widerstand nicht der richtige Weg, um organisationale Resilienz zu erreichen. Es geht darum, einen Sturm zu überstehen und sich danach zu erholen wie in der berühmten Fabel »Die Eiche und das Schilfrohr« von Jean de la Fontaine: Die Eiche ist mächtig, wirkt unzerstörbar und bewegt sich bei normalen Windverhältnissen nicht. Das biegsame Schilfrohr indes neigt sich bereits bei einer leichten Brise. Bricht ein starker Sturm los, beugt sich das Schilfrohr, aber es bricht nicht. Die Eiche hingegen liegt entwurzelt am Boden und stirbt. Höhere Resilienz hat aber auch den Preis von Effizienzeinbußen. Wir haben z. B. die Anfälligkeit des Just-in-time-Prinzips in globalen Wertschöpfungsketten erlebt (Brunnermeier 2021, S. 13–16). Stärken wir unsere Fähigkeit, uns anzupassen und neu zu erfinden, stärkt dies auch unsere Resilienz. Sie mindert die negative Wirkung von Schocks und eröffnet uns so mehr Chancen und Möglichkeiten.

Dieser anspruchsvolle Aspekt sollte meiner Ansicht nach unbedingt in die strategische Planung Eingang finden.

Dabei wird erforderlich sein, Wege zu finden, sich nicht nur strukturell flexibel den verändernden Bedürfnissen der Gesellschaft und des Marktes anzupassen, sondern auch eine werteorientierte Unternehmenskultur zu entwickeln, die den Zusammenhalt und das Engagement der Mitarbeitenden begünstigt. Das wird für viele Führungskräfte zunächst ein radikales Umdenken weg von Eigeninteressen hin zum Gemeinwohl bedeuten. Es wird erfordern, dass sich ausgehend von einer inspirierenden Zukunftsvision ein sinnvoller Unternehmenszweck ableiten lässt, der sich nicht darin erschöpft, einzig und allein ökonomischen Gewinn zu erzielen. Es wird darum gehen, dass Mitarbeitende in der eigenen Arbeit Sinn finden und sich an gültigen und gelebten Werten orientieren können.

Wer vom Sinn und Zweck seiner Arbeit überzeugt ist und erkennen kann, welchen wertvollen Beitrag er zum allgemeinen Erfolg leistet, wird sich mit seinem Unternehmen identifizieren und wohl auch besonders engagieren. Solche Aufgaben können nur authentische Führungskräfte mit einem hohen Anspruch an Menschlichkeit erfüllen – einem *Homo oeconomicus* wird das niemals gelingen.

Reteaming und *Führung mit Neuer Autorität* – eingebettet in echten *Dialog* – können uns helfen, im 21. Jahrhundert Erfolg zu haben, uns besser auf Gefahren vorzubereiten, den Zusammenhalt zu stärken und schwer kalkulierbaren Wandel, negative Erschütterungen bis hin zu Schocks in Zukunft möglichst schnell wieder abzufedern. Können wir ungestraft auf dieses Potenzial verzichten?

Danksagung

Mein Dank gilt allen Menschen, die am Zustandekommen dieses Buches direkt oder indirekt mitgewirkt haben, insbesondere: meiner Familie, Dr. Harry Merl, Dr. Nicola Offermanns, Werner Pürstinger, Prof. Fritz B. Simon, Dr. Gunthard Weber, Günther Frosch, Ulrike Buchegger, Ben Furman, Tapani Ahola, Dr. Haim Omer, Sabine Vogl, der Siemens AG München, meinen Schweizer Kolleginnen und Kollegen Claudia Seefeld, Hansjürg Lusti, Roger Romano und Andrea Melileo (Zürich), der Grafikerin Brigitte Nöhammer und ganz besonders den Verantwortlichen aus dem Carl-Auer Verlag Matthias Ohler und Dr. Ralf Holtzmann sowie meinen zahlreichen Kundinnen und Kunden in ganz Europa.

Verzeichnis der Abbildungen und Tabellen

Literatur

Antonovsky, A. (1997): Salutogenese. Zur Entmystifizierung von Gesundheit. Bd. 36. Tübingen (dgtv).

Baumann-Habersack, F. (2015): Mit neuer Autorität in Führung. Warum wir heute präsenter, beharrlicher und vernetzter führen müssen. Wiesbaden (SpringerGabler).

Bohm, D. (2017): Der Dialog. Das offene Gespräch am Ende der Diskussionen. Stuttgart (Klett-Cotta).

Boszorményi-Nagy, I. u. G. M. Spark (1993): Unsichtbare Bindungen. Die Dynamik familiärer Systeme. Stuttgart (Klett-Cotta).

Brunnermeier, M. (2021): Die resiliente Gesellschaft: Wie wir künftige Krisen besser meistern können München (Aufbau). [am. Orig. (2021): The resilient society. Washington, DC (Endeavor Litbury).]

de Shazer, S. (1989): Der Dreh. Überraschende Wendungen und Lösungen in der Kurzzeittherapie. Heidelberg (Carl-Auer).

Furman, B. u. T. Ahola (1996): Die Kunst, Nackten in die Tasche zu greifen. Systemische Therapie: Vom Problem zur Lösung. Dortmund (borgmann).

Furman, B. u. T. Ahola (1999): Diplomacy-Workshop. Helsinki.

Furman, B. u. T. Ahola (2007): TwinStar – Lösungen vom anderen Stern. Teamentwicklung für mehr Erfolg und Zufriedenheit am Arbeitsplatz. Heidelberg (Carl-Auer).

Furman, B. u. T. Ahola (2010): Es ist nie zu spät, erfolgreich zu sein. Ein lösungsfokussiertes Programm für Coaching von Organisationen, Teams und Einzelpersonen. Heidelberg (Carl-Auer). [Orig. (2007): Change through cooperation. Handbook of reteaming. Helsinki (Brief Therapy Institute).]

Geisbauer, W. (2005): Methoden lösungsorientierter Beratung unter dem Aspekt von Gesundheitsförderung und -erhaltung für Menschen in Wirtschaftsorganisationen. Krems (Masterthese, Donau-Universität).

Geisbauer, W. (Hrsg.) (2012): Reteaming. Methodenhandbuch zur lösungsorientierten Beratung. Heidelberg (Carl-Auer).

Geisbauer, W. (2018): Führen mit Neuer Autorität. Stärke entwickeln für sich und das Team. Heidelberg (Carl-Auer).

Gilad, Z. (2013): Modifying the constructive struggle approach to police work in Israel (Dissertation, Tel Aviv University).

Groth, T. (2017): 66 Gebote systemischen Denkens und Handelns in Management und Beratung. Heidelberg (Carl-Auer).

Karpman, S. B. (1968): Fairy tales and script drama analysis. *Transactional Analysis Bulletin* 7 (26): 39–43.

Kitz, V. (2017): Feierabend! Warum man für seinen Job nicht brennen muss. Frankfurt a. M. (Fischer).

Losek, F. (2016): Stowasser. Lateinisch-deutsches Schulwörterbuch. München (Oldenbourg Schulbuchverlag).

Luskin, F. (2003): Die Kunst zu verzeihen. So werfen Sie Ballast von der Seele. Landsberg/München (MVG).

Maslach, C. u. M. P. Leiter (2001): Die Wahrheit über Burnout. Stress am Arbeitsplatz und was Sie dagegen tun können. Wien/New York (Springer) [am. Orig. (2007): The truth about Burnout. San Francisco (Jossey-Bass).]

Merl, H. (2006): Über das Offensichtliche. Oder: Den Wald vor lauter Bäumen sehen. Wien (Krammer).

Merl, H. (2016): Seminar Gesundheitsbild. Linz.

Merl. H. (2017): (persönliches Gespräch v. 11.4.2017 und schriftl. Unterlagen, Gramastetten).

Moon, H. (2020): Coaching: Using ordinary words in extraordinary ways. In: S. McNamee et al. (eds.): The SAGE handbook of social constructionist practice. London (Sage), pp. 246–257.

Moon, H. (2021): Better conversations: How to listen so that they will talk with Haesun Moon, ›01, ›02. Verfügbar unter: https://www.youtube.com/watch?v=xKmNpELGWNA [5.7.2022].

Nink, M. u. A. Pfeifer (2017): Gallup Engagement Index 2016. Schlechte Chefs kosten deutsche Volkswirtschaft bis zu 105 Milliarden Euro jährlich. Berlin (Gallup).

Odum, E. P. (1980): Grundlagen der Ökologie, Bd. 1. Stuttgart (Thieme).

Omer, H. (2014): Neue Autorität, Teil 1. Verfügbar unter: https://www.youtube.com/watch?v=I83VwInV5Gg [5.7.2022].

Omer, H. u. Z. Gilad (2013): Potential effects of training in constructive struggle on the behaviour and attitudes of police in conflicts with citizens. (Tel Aviv University).

Omer, H. u. A. von Schlippe (2009): Stärke statt Macht. »Neue Autorität« als Rahmen für Bindung. *Familiendynamik* 34 (3): 246–254.

Omer, H. u. A. von Schlippe (2010): Stärke statt Macht. Neue Autorität in Familie, Schule und Gemeinde. Göttingen (Vandenhoeck & Ruprecht).

Omer, H. u. A. von Schlippe (2016): Autorität durch Beziehung. Die Praxis des gewaltlosen Widerstandes in der Erziehung. Göttingen (Vandenhoeck & Ruprecht), 9. Aufl.

Pieper, J. (1998): Das Viergespann. Klugheit – Gerechtigkeit – Tapferkeit – Maß. München (Kösel).

Reichel, R. (2005): Beratung Psychotherapie Supervision. Einführung in die psychosoziale Landschaft. Wien (Facultas).

Rohm, A. (2006): Change-Tools. Praxishandbuch Beratung. Bonn (managerSeminare).

Rosa, H. (2016): Resonanz. Eine Soziologie der Weltbeziehung. Berlin (Suhrkamp).
Rosenberg, M. B. (2016): Gewaltfreie Kommunikation. Eine Sprache des Lebens. Paderborn (Junfermann).
Rotthaus, W. (2021): Wir können und müssen uns neu erfinden. Am Ende des Zeitalters des Individuums – Aufbruch in die Zukunft. Heidelberg (Carl-Auer).
Schindler, R. et al. (Hrsg.) (2016): Das lebendige Gefüge der Gruppe. Ausgewählte Schriften. Gießen (Psychosozial).
Scholze-Stubenrecht, W. (1997): Duden Fremdwörterbuch, Bd. 5. Mannheim-Leipzig/Wien/Zürich (Duden).
Schüffel, W. (1998): Handbuch der Salutogenese. Konzept und Praxis. Wiesbaden (Ullstein Medical).
Seikkula, J. (2015): Abup talks – Jaakko Seikkula -»Open Dialogue«. Verfügbar unter: https://www.youtube.com/watch?v=Ph212sLDQd0 [30.07.2022].
Simon, F. B. (1995): Die andere Seite der Gesundheit. Ansätze einer systemischen Krankheits- und Therapietheorie. Heidelberg (Carl-Auer).
Simon, F. B. (1997): Systemische Beratung. Lehrgang. Heidelberg (Internationale Gesellschaft für systemische Therapie und Beratung).
Simon, F. B. (2006): Einführung in Systemtheorie und Konstruktivismus. Heidelberg (Carl-Auer).
Simon, F. B. (2007): Einführung in die systemische Organisationstheorie. Heidelberg (Carl-Auer).
Simon, F. B. u. C.O.N.E.C.T.A. (1992): Radikale Marktwirtschaft. Grundlagen des systemischen Managements. Heidelberg (Carl-Auer).
Simon, F. B. u. C. Rech-Simon (1999): Zirkuläres Fragen. Heidelberg (Carl-Auer).
Watzlawick, P. (1991): Die Möglichkeiten des Andersseins. Zur Technik der therapeutischen Kommunikation. Bern/Stuttgart/Toronto (Hans Huber).
Watzlawick, P. u. G. Nardone (Hrsg.) (1999): Kurzzeittherapie und Wirklichkeit. München/Zürich (Piper).
Watzlawick P., J. H. Weakland u. R. Fish (1988): Lösungen. Zur Theorie und Praxis menschlichen Wandels. Bern/Stuttgart/Toronto (Hans Huber), 4. Aufl. [am. Orig. (1974): Change. Principles of problem formation and problem resolution. New York (W.W. Norton).]
Weber, G. (Hrsg.) (1993): Zweierlei Glück. Heidelberg (Carl-Auer).
Weber, G. (Hrsg.) (1997): Praxis des Familienstellens. Heidelberg (Carl-Auer).
Weizsäcker, E. U. u. C. Weizsäcker (1972): Information und Evolution. In: J. H. Scharf (Hrsg.) (1972): Informatik. *Nova Acta Leopoldina*, 206 (37/1).

Über den Autor

Wilhelm Geisbauer, MSc, Studium psychosozialer Beratung, Diplompädagoge, viele Jahre in der Geschäftsleitung, davon 6 Jahre als Geschäftsführer, eines in Österreich marktführenden Produktionsunternehmens, seit 1997 selbständiger Organisationsberater, Reteaming-Lehrtrainer seit 1998 im Auftrag von Reteaming international, Helsinki, in den Ländern Deutschland, Schweiz und Österreich. Gründer des Reteaming-Instituts in Scharnstein, Österreich. Supervisor – ÖVS.

Das Training zum Buch

Reteaming-Coach-Zertifizierung in 3 Tagen (2+1)

Ziel

Als zertifizierter und eingetragener Reteaming-Coach können Sie Teams und Einzelpersonen effizient lösungsorientiert beraten.

Information

Info-Folder, aktuelle Termine und weiterführende Informationen unter:
www.reteaming.org

Kontakt

Wilhelm Geisbauer, MSc
Reteaming Institut
Promenade 9
4644 Scharnstein, Österreich
+43-664 243 523 0
mail@geisbauer.com

„Keiner ist allein für das Problem, jeder aber für die Lösung verantwortlich."
Ben Furman

GEISBAUER
RETEAMING